JN094739

これでわかるPFAS（ピーファス）汚染

暮らしに侵入した「永遠の化学物質」

原田浩二〈編著〉
京都大学大学院医学研究科准教授

合同出版

はじめに――広がり続けるピーファス汚染

今、沖縄、東京、大阪、愛知などで飲み水の汚染が指摘され、それによる健康への影響も懸念されています。問題の根本にあるのは「ＰＦＡＳ」（以下、ピーファス）と呼ばれる有機フッ素化合物による水汚染です。２０２３年に入ってからも、神奈川県相模原市、静岡県静岡市、浜松市、岐阜県各務原市、岡山県吉備中央町、熊本県熊本市の水道水や浄水場、地下水から高濃度のピーファスを検出したという報道がありました。

ピーファスは20世紀の半ばから合成化学物質として、生活用品、工業製品、泡消火剤、フッ素樹脂の製造助剤などとして幅広く利用されてきました。ピーファスと呼ばれていますが、1種類の物質ではなく、少なくとも約４７００種もの種類がある有機フッ素化合物の総称です。約４７００種もある中で、初期から多く使われ、問題となってきたのが「ペルフルオロオクタンスルホン酸」（ＰＦＯＳ＝ピーフォス）と「ペルフルオロオクタン酸」（ＰＦＯＡ＝ピーフォア）」という2つの物質です。

ピーファスと総称される物質は化学的に非常に安定していて、自然環境の中では分解されにくく、長期に残留する性質があることから「永遠の化学物質」と呼ばれています。

２０００年以降、飲料水などを経由して人体にピーファスが摂取され、血液中に含まれること、また健康リスクが指摘され始めると、国際的に問題になり、ピーファスの製造メーカーやピーファスを原材料にして製品を製造している企業はピーフォスとピーフォアの製造や使用を自主的に規制してきました。

しかし、環境への残留性が極めて高いことから、長期にわたって使用されたピーファスによって、今も水環境の汚染が引き起こされています。

ピーファス汚染が問題になってから、米国や欧州連合（ＥＵ）の公的機関では、ピーフォスやピーフォアに対する水道水濃度や血中濃度の目標についての勧告を行ってきましたが、一方で、国際的にピーフォスの製造制限が決定されたのが２００９年、ピーフォアにいたっては廃絶が決定されたのが２０１９年だったのです。

日本でも、沖縄、東京・多摩地区や神奈川では米軍基地が原因とみられる河川や地下水などでの汚染が顕在化し、大阪をはじめとするほかの地域でもピーファスを扱う工場周辺の水汚染が明るみになっています。

これらの汚染源周辺では住民の血液検査が行われ、指標値を超えるピーファスの血中濃度が次つぎに報告されています。これまでピーファスが広く使用されてきたことを考えると、全国各地で汚染が生じている可能性があります。

本書は、ピーファスによる水の汚染はなぜ、どのように広がったのか。どのような健康被害の恐れがあるのか、どのような対策があるか、またピーファスの汚染問題に直面している沖縄・宜野湾市、東京・多摩地区、愛知・豊山町、大阪・摂津市からの報告など、ピーファス問題の解説書として執筆、編集したものです。

行政による検査や健康調査を実施する体制がいまだ整っていないなか、本書が私たちの暮らしと健康を守るために、これまでのピーファスによる水汚染の実態と対策、そしてこれからの健康リスクの問題・予防を考える一助になれば幸いです。

原田浩二

もくじ

第3章　日本のピーファス汚染の実態　29

第4章　ピーファスの人体への影響　53

第5章　ピーファス問題の今後　62

第2部　ピーファス汚染に立ち向かう

これだけは知っておきたい ピーファス汚染

第1章　ピーファスとは何か？

「ピーファスって何？」を説明するには、まず、有機フッ素化合物というものの理解が必要になります。

ご存じのように物質は、有機物と無機物に大別されますが、有機物は炭素と水素などを含む物質で、「燃えると二酸化炭素と水を放出する」という特徴があります。一方の「無機物」は、炭素を含まない物質で、塩類、鉄や銅などの金属、水やガラスなどです。

多くの有機物の炭素と結びついている水素原子をフッ素原子と置き換えるとさまざまな特性をもつ有機フッ素化合物が生まれます。このうち多くのフッ素が結合している有機フッ素化合物がピーファスとなります（図1）。つまりピーファスというのは自然界にはない、人工化学物質で、炭素—フッ素の結合状態によって、さまざまな種類の有機フッ素化合物をつくることができます。

新聞やテレビで報道されている「ピーファス汚染」では、ピーフォス、ピーフォアと呼ばれ

図１　ピーファスの定義

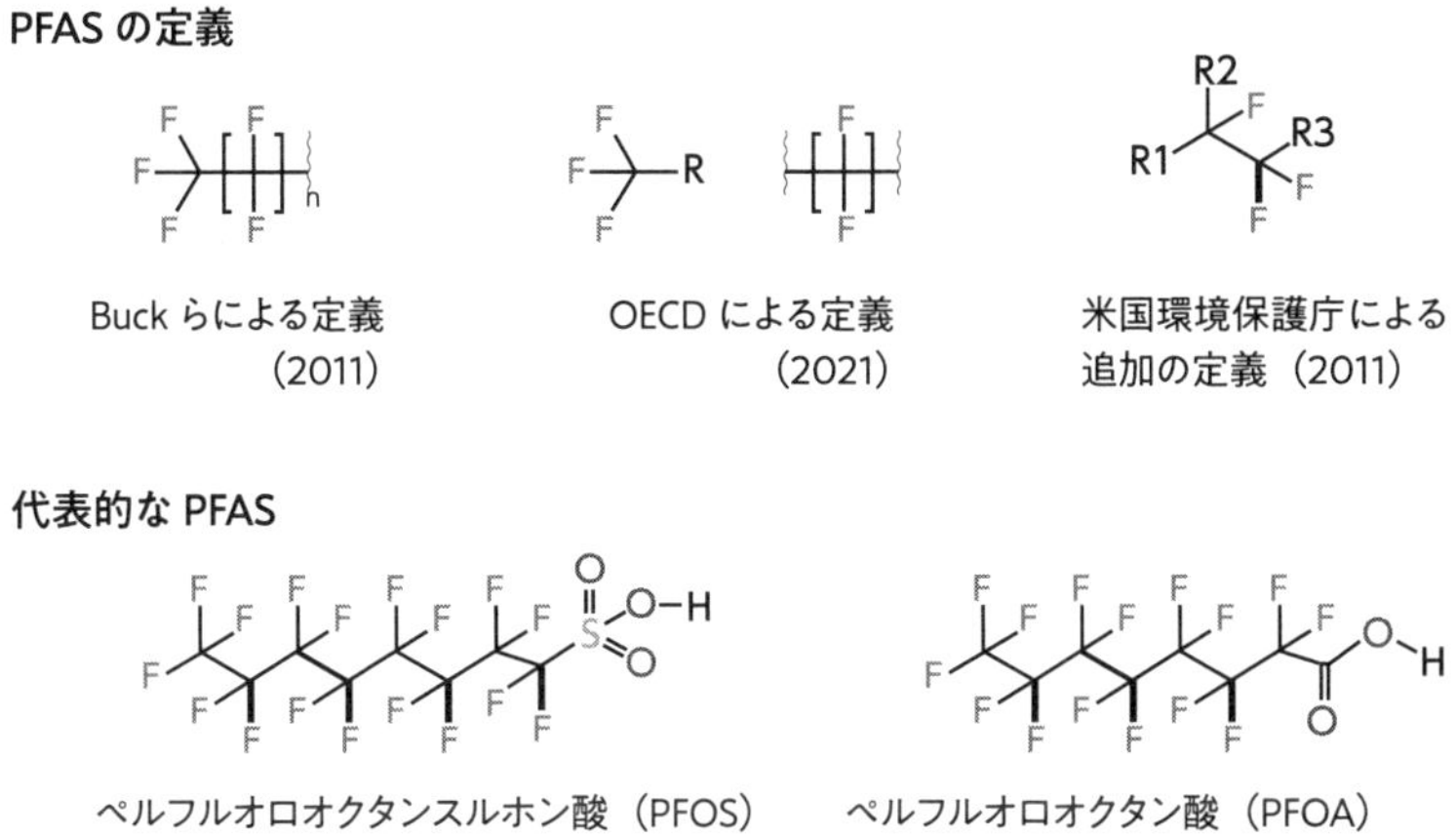

PFAS の定義

Buck らによる定義（2011）

OECD による定義（2021）

米国環境保護庁による追加の定義（2011）

代表的な PFAS

ペルフルオロオクタンスルホン酸（PFOS）

ペルフルオロオクタン酸（PFOA）

る物質がすっかり有名になっていますが、ピーファスには少なくとも４７３０種類以上の物質があり（ＯＥＣＤ＝経済協力開発機構による定義）さらに増える可能性があります。つまりピーフォス、ピーフォアはたくさんある物質のうちの２つに過ぎないのです。

ちなみに「フッ素」と聞いて、歯磨き粉や歯科治療のフッ素を想像する人が多いと思いますが、虫歯予防に使われるフッ素化合物は炭素と結びついていない「無機フッ素化合物」です。

「永遠の化学物質」と呼ばれる理由

ピーファスは難分解性、つまり分解しにくいという特性があります。炭素とフッ素がたくさん結合すると、固く結合して非常に壊れにくい物質になります。多くの有機物の場合は、例えば落ち葉や生ゴミのように微生物に食べられて、最終的に水と二酸化炭素になって自然のなかを循環していくのですが、製品の中に含まれていたピーファスは環境中で分解されることなく、いつまでも残留し続けます。これが、ピーファスが「永遠の化学物質」と呼ばれる理由です。

ピーファスを含んだ製品が環境中に廃棄され、土壌に入っていくと、やがてピーファスが周辺の地下水へ徐々に浸透し、汚染を広げていくと考えられています。米軍基地などで使用されてきたピーファスを含む泡消火剤は、そのまま火災の際や消火訓練で敷地で散布されるわけですから、土壌汚染、地下水汚染がより直接的なわけです。

さまざまな製品に使われているピーファス

そもそもピーファスはいつごろから使われていたのでしょうか。１９４８年、米国のスリーエム社（３Ｍ）はピーフォス、ピーフォアを開発して以来、さまざまなピーファス製品を製造し、世界中で販売してきました。おなじく米国の化学メーカー・デュポン社は、51年からフッ素樹脂の製造にピーフォアを製造助剤として使ってきました。

ピーファス製品は、その便利さから日常のあらゆる場所で使われるようになっていました。

レインウエアやテーブルクロス、床のコーティングなど、生活のさまざまな場面でピーファス加工された製品が使われている（イメージ写真）。

とくにピーフォスを含む素材は撥水や撥油作用があり、生地に水分をはじく撥水加工を施した衣料品やテーブルクロスに使われたり、撥油作用によって油汚れを簡単に落とすことができることから車のコーティング素材としても広く使われてきました。

手軽に使える撥水・撥油コーティング剤を使っている人も多いことでしょう。衣料品や靴、アウトドア用品に、雨や泥がつかないようにスプレーしたり、塗布したりします。製品としては、スリーエムの防水スプレー「スコッチガード」が今でもよく使われています。

水や油をはじき、こげつきにくい便利なフライパンにはフッ素樹脂が表面加工として使われています。「フッ素樹脂コーティング」

と明示されていれば、フッ素樹脂の主成分は、ピーファスの一種である「ＰＴＦＥ（ポリテトラフルオロエチレン）」です。ＰＴＦＥ自体は人体に吸収されることはほとんどありませんが、その加工助剤としてピーフォアが使われていました。なお、ピーファス問題を受けて、国内のメーカーでは２０１３年までにピーフォア使用を全廃しています。その代わり、別のピーファスが使用されています。

身の回りでの使用以外にも、ピーファスは使われています。石油タンク火災、航空機火災など、水だけでは消火できない石油火災を消火する際には、特殊な泡消火剤が散布されます。消火剤の中に含有されているピーフォスなどが発泡装置によって多量の泡が噴出し、火の表面を泡が覆って消火効果が発揮されます。後ほど紹介しますが、泡消火剤が使われる場所でのピーファス汚染の発覚が相次いでいます。

また、半導体の製造工程でも、ピーフォスが使われてきました。

ピーフォアはフッ素樹脂の製造工程で助剤として使われてきたほか、ピーフォスを製造する際の副生成物として生成されます。

このように、２０００年代初頭にピーファスによる環境汚染が発覚するまで、日用品から産業用途まで幅広い分野で使われてきたのです。後ほど、環境汚染が知られるようになってからの規制については紹介しましょう。

ちなみに、スリーエムは、創業から121年の米国の企業で、世界的な化学素材メーカーです。私たちの身の回りにある製品を挙げれば、接着剤やふせん紙の「Post-it（ポスト・イット）」などのメーカーとしておなじみです。

一方のデュポンは世界で4番目に大きい化学会社と言われ、ロックフェラー財閥などと並ぶ米国の三大財閥です。220年以上も前に、黒色火薬の製造工場からスタートし、南北戦争や2つの世界大戦で、火薬や爆弾を販売して巨大な富を蓄積し、原爆開発のマンハッタン計画に参加したことでも知られています。戦前から化学分野に進出し、合成ゴムやナイロンなどの合成繊維、合成樹脂や農薬、塗料などを手掛けています。

化粧品の成分調査から

ピーファス問題が発覚してから、近年の米国では日用品のピーファス汚染調査が広く行われています。その一つに化粧品にピーファスが使われている事例が挙げられています。化粧品に化粧くずれを防ぐために、撥水作用をもたらすフルオロ（C8―18）アルコールリン酸、パーフルオロアルキルシリル化マイカなどが添加されていました。いずれも、ピーファスに分類される物質です。これらの物質そのものの健康リスクはまだわかっていませんが、製造段階でピーフォアなどが含まれる可能性があります。

10年ぐらい前、私たちの研究室もこれらの化粧品の成分を調べたことがありますが、たしかにピーファスが含有されていました。２０１２年までに、国内販売されていたフッ素関連物質が成分表示されていた化粧品15サンプル、日焼け止め9サンプルを分析したところ、添加成分以外に、化粧品で最大1グラム当たり5・9マイクログラム（μg＝1グラムの100万分の1）、日焼け止めで最大で1グラム当たり19μgのピーフォアなどを検出しました。

化粧品のラベルの成分表示のなかに「フルオロ」という単語が記載されていれば、ピーファスを使用した化粧品であることがわかります。

米国では化粧品へのピーファスの使用を制限する法案が提案されており、いくつかの州ではすでに禁止されています。各メーカーが自主規制してピーファスを使わないようになってきていますが、いまだにピーファスを使用した製品はあるのです。

バーガーキング、マクドナルドの包み紙にも

「これは便利」と思う製品にもピーファスが使われているケースがあります。たとえば、ハンバーガーやフライドポテトの包み紙（耐油性食品包装紙）は、油が染み出さないので手が汚

れません。この耐油性＝撥油加工にピーファスが使われていることがあります。

これも米国での調査ですが、バーガーキングやマクドナルドなどで使用していた包装紙を調べたところ、ピーファスが検出されたとの報告がありました。この結果を受けて米国の主要ファストフードチェーンは、２０２４年から25年にかけてピーファスを含まない材質への切り替えを表明しています（巻末ⅲページ）。

衣料品や靴の撥水加工にピーファスが使われていると紹介しましたが、米国では連邦全体での規制はまだ設けられていないものの、ニューヨーク州やカリフォルニア州では、衣服や化粧品、食品包装などに対する州レベルでの規制や表示義務が始まっています。ニューヨーク州では２０２０年から食品包装へのピーファスの使用を規制、23年末から衣料品にも導入されました。

大規模汚染の原因となった泡消火剤

空港で火事が発生した際、飛行機の燃料に引火して大火災が起こることを防ぐために使われるのが泡消火剤です。泡が燃焼している表面を覆って酸素を遮断する効果などによって消火します。

燃料火災用の泡消火剤にピーフォスが使われるようになったのは１９６０年代で、スリーエムが開発し、米海軍にはじめて導入されました。その後、航空機事故、工場事故が起こりうる施設で、火災訓練も含めて長期的に使用されてきました。身近なところでは立体駐車場の消火設備にもあります。

今、問題になっている東京・多摩地区のピーファス汚染は、米軍横田基地から漏出した泡消火剤が地下水に染み込んでしまったことなどから起こったと考えられます。米軍基地が集中する沖縄でも、泡消火剤の使用による土壌汚染、さらに格納庫からの泡消火剤の漏出も起こっています。これが米軍基地周辺の地下水汚染の原因とうたがわれています。

航空関連施設では泡消火剤が使われていて、それが周辺の水系を汚染していることは関係者の間では常識に近かったのです。ピーファス問題が発覚して間もない２０００年ごろから、ワートスミス空軍基地の消火訓練場（米国ミシガン州）やカナダのトロント・ピアソン国際空港でのピーフォス汚染が指摘されていました。近年、米国本土の多くの米軍施設でピーフォスなどが使用されてきたことが確認され、地下水のピーファス濃度が米国の目標値を超えている箇所が多数あることが明らかになっています。

現在、米軍施設では泡消火剤をピーフォス以外への置き換えが進んでいると報告されています。その一方、普天間飛行場（19年12月、20年4月など）、横田基地（22年6月など）で貯蔵されている泡消火剤の流出事故が起こったことが判明しています。置き換え前のピーフォスは残存しているのですから、一度流出事故が生じれば、水質の暫定指針値を上回る環境汚染が引き起こされることが想定されます。基地周辺へ汚染が広がる可能性が高いと考えられます。

23年11月現在、実質的な対策がなされているのは、22年5月に横須賀海軍基地（神奈川県横須賀市）の排水から高濃度のピーファスが検出されたことを受けて地元の市の要請を受けた米軍が排水処理場内に粒状の活性炭フィルターを設置した例だけです。しかし設置後「日本の暫定目標値を下回った」としながら具体的なデータの公表はなく、排水処理場の汚泥の調査も認められず、米軍側の「排出源の特定は困難」との説明も市民が納得するものではありません。

河川や海は流れがあるため、その水の汚染状態は、刻々変化します。長期的な残留が解明できる環境媒体（地下水、土壌、生物など）への影響はほとんど評価されていません。泡消火剤が貯蔵され、使われている周辺では、住民の血液検査も含め、環境調査を包括的に実施する必要があります。

最近でも、静岡県浜松市の航空自衛隊浜松基地、岐阜県各務原市の航空自衛隊岐阜基地の周辺で水路や地下水でピーフォスが水質の暫定指針値を超えて検出されました。

民間空港周辺の泡消火剤

軍用地だけでなく、民間の空港周辺でも泡消火剤によるピーフォス汚染が発生しています。実際、大阪府豊中市、池田市、兵庫県伊丹市にまたがる大阪国際空港（伊丹空港）や北海道札幌市にある丘珠(おかだま)空港の周辺の河川でも濃度の高いピーフォスが検出されています。これは空港で使用されたピーフォス含有の泡消火剤の残りが排水中に放出されたことが原因だと考えられています。なお、家庭用の小さな消火器はほとんどが粉末型で、ピーフォスを含んでいることはありません。

民間の空港におけるこれまでの泡消火剤の使用、消火訓練での使用、泡消火剤の保管状況などを関係の行政が正確に把握しているとすれば、周辺地域ではその情報によっては汚染の有無を調査する必要が出てくるかもしれません。そのうちの一つとして、最近では航空自衛隊と共用する愛知県営名古屋空港（小牧空港、西春日井郡豊山町）の周辺の河川、地下水でピーフォスが水質の暫定指針値を超えていることが判明しました。また水道水の水源にも入り、住民のピーフォス摂取につながっていました。

ピーファスの製造・加工を行う施設

すぐに想像できるように、泡消火剤の使用がある基地、空港のほかにも、ピーファスを扱う工場や施設はピーファス汚染の汚染源になります。フッ素樹脂の製造・加工を行う施設、メッキや半導体の製造工場などが挙げられています。

実際、大阪府摂津市近郊の地下水に高濃度のピーフォアが残留していることが水質調査で判明しました。後ほどくわしく紹介しますが、ダイキン工業淀川製作所ではピーファスを使った製品を長期にわたって製造し、工場排水にピーフォアが含まれていたことが原因でした（32ページ）。

地域の中にこのような施設があった場合、周辺が汚染されているかどうか調査が必要になるでしょう。しかし、都道府県などの環境調査は必ずしもそういった施設の周辺を測定しておらず、見逃されている可能性があります。

第2章　ピーファス問題の発覚

ピーファスが開発されて50年近くたった１９９７年、ピーファスの難分解性の性質が注目され、環境汚染への懸念が研究者から指摘されていました。この指摘などを受けて、２０００年5月、ピーファスを原料として使っているさまざまな製品を製造する一大メーカーであるスリーエムが、ピーファスの主要物質であるピーフォスとピーフォアの製造を02年までに自主的に中止すると公表しました。

これがピーファス問題への取り組みの始まりでした。

スリーエム社が製造を中止した理由

スリーエムはピーファス関連の製品で年間数百億円の売り上げがあったと推定されていましたが、それでも製造中止を決断しなければならない理由がありました。

実はスリーエムは、１９９０年代にはすでにピーファスによって生態系の汚染が起こっていることを知っていました。世界各地の海棲（かいせい）動物の血液や肝臓を分析して、ピーフォスが検出されていることを認識していたのです。環境汚染の影響が及びにくいと考えられていた北極や南極に生息する動物（ホッキョクグマ、アザラシなど）にまでもピーファスが生体蓄積しているデータは衝撃を与えました。

ピーファスが環境に残り続け（環境残留性）、野生生物や人体に溜まりやすい（生物蓄積性）ということもわかってきたわけで、このまま製造を継続すると、経営上のリスクになると判断して、製造を中止したのです。

スリーエムは環境残留性、生物蓄積性については認めていますが、その後の裁判で大きな争点になる生物（人体）への有害性は認めていませんでした。工場周辺の住民、行政などから集団訴訟が起こされ、23年6月の和解交渉では、スリーエムが１００億ドル（約1兆４０００億円）の賠償金を払うことで暫定合意しています。

スリーエムは25年までにすべてのピーファスの製造から撤退することを明らかにしました。国際的にはそれぐらいピーファス汚染問題は注目されています。

ピーファスを使わない社会へ

２０２２年12月、スリーエム社が25年までにピーファスの製造から撤退することを公表したほか、23年1月に欧州では、すべてのピーファスを規制する提案も出されました。すると、ピーファスを製造する化学メーカー、ピーファスを助剤にしてさまざまな製品をつくっているメーカーにも対応が求められました。

これまでも重金属や農薬などによる健康影響や環境汚染が問題になったケースでは、水俣病やイタイイタイ病などのように原因物質が特定されるまでに長期間を要し、その間に被害が広がってしまったり、メーカー側が有効な代替品の開発に時間がかかって、製造中止や排出削減が進まないなどの問題がありました。特にピーファスは環境中に残り続ける可能性が高いことから他の素材へ、できる限り切り替えを進めることがのぞまれています。

ピーファスについても、１９９０年代に指摘され、00年にスリーエムが一部のピーファスの製造中止を公表してから20年以上経ちました。日本や国際社会の中で重要な社会問題になるまで、なぜこれほどの時間がかかったのか、みなさん疑問を持たれると思います。国際的に規制されるまでの経過を見ておきましょう。

ストックホルム条約（ＰＯＰｓ条約）が採択

２００１年５月、「残留性有機汚染物質に関するストックホルム条約」（Persistent Organic Pollutants：ＰＯＰｓ条約）が採択されます。この国際条約は、地球環境サミット（リオ・デ・ジャネイロ、１９９２年６月）で採択された「アジェンダ21」で、海洋汚染対策が、人類社会が取り組むべき問題として挙げられ、とりわけ「人工合成有機化合物」の削減が目標に掲げられました。

日本政府は、残留性有機汚染物質について「毒性が強く、残留性、生物蓄積性、長距離にわたる環境における移動の可能性、人の健康又は環境への悪影響を有する化学物質のこと（ダイオキシン類、ＰＣＢ〈ポリ塩化ビフェニル〉、ＤＤＴ等）」（外務省ホームページ）と定義し、環境中に放出された際、海洋、偏西風などによって、地球全体に拡散するため、環境への放出を国際規制する必要があるとしています。

19年４月のＣＯＰ９（ストックホルム条約締約国会議第９回会合）では、附属書Ａ（廃絶）にペルフルオロオクタン酸（ピーフォア）とピーフォア関連物質が追加され、22年には、ピーファスの一つ「ペルフルオロヘキサンスルホン酸（ＰＦＨｘＳ＝ピーエフヘクスエス）」の新規製造、輸入が規制されました。

条約加盟国は、規制対象になっている物質について、国内の諸法令で規制することが義務付けられています。日本でも、これらの物質の新規製造、輸入を規制するために、化学物質の審査及び製造等の規制に関する法律（化審法）の第一種特定化学物質に指定してきました。

ピーファス汚染が海外を中心に問題になって以降も、明確な目標値を設定してこなかったのですが、20年、厚生労働省が水道水に対して、環境省が河川や地下水などに対して、ピーフォスとピーフォアの合計で1リットル当たり50ナノグラム（＝50ng／ℓ、ナノは10億分の1グラム）という暫定指針値を定めました。

海外の最新規制事情

米国では、ピーファスを規制する動きが進んでいます。ピーフォス、ピーフォアの使用の規制は2000年代から行われました。また米国環境保護庁（EPA）は、これまで飲料水中のピーフォスとピーフォアの目標濃度を09年にそれぞれ200ng／ℓ、400ng／ℓにし、後にピーフォスとピーフォアの合計を70ng／ℓにしてきました（16年）。さらに22年の暫定勧告では、さまざまな疫学研究からリスク評価を行い、水道水中のピーフォスは0・02ng／ℓ、ピー

表２　日本と諸外国等の飲料水に係るピーフォスと、ピーフォアの目標値等

国／機関	目標値（ng/ℓ）		備考
	PFOS	PFOA	
日本（2020）	50（PFOS、PFOAの合算）		
WHO	―	―	2022年に暫定ガイドラインとしてPFOS 100ng/ℓ、PFOA 100ng/ℓを提案。総PFASは500 ng/ℓを提案。処理技術を考慮したもので健康リスクを予防できるかは考えていない。
米国（2016）	70（PFOS、PFOAの合算）		2023年に、現時点での分析能力（定量下限4ng/ℓ）を考慮してPFOS 4ng/ℓ、PFOA 4ng/ℓとする規制値案を公表。2024年4月に正式決定。詳細は以下を参照。https://www.env.go.jp/content/000123230.pdf
英国（2021）	100	100	
ドイツ（2017）	100	100	2023年に20PFAS合計（C=4～13の各PFSA及びPFCA）100 ng/ℓと、4PFAS（PFOS、PFOA、PFNA、PFHxS）合計20 ng/ℓが国内法で提案され、20PFAS合計は2026年、4PFASは2028年に適用予定。
カナダ（2018）	600	200	2023年に総PFAS 30ng/ℓの目標値を提案。

PFAS戦略会議（第３回）2023/6/15より

フォアは０・００４ng／ℓを目標にすることと勧告しました。この勧告値はほとんどの飲料水で達成困難な水準（ほぼゼロという極限の値）ですが、これは健康リスクを予防するためにはピーファスによる曝露（ばくろ）を可能な限り低減すべきだという方針を示したものです。

そして、23年3月には法的義務が伴う基準値として、ピーフォス、ピーフォアそれぞれ４ng／ℓという規制値案を打ち出しています。従来の70ng／ℓから格段に規制を強化するのです。

欧州連合（ＥＵ）では、23年1月、水道水指令が改定され20種のピーファスの合計で１００ng／ℓを基準とする規制が始まっています。ＥＵのなかでもドイツはさらに厳しい基準を目指しています。

さらにＥＵでは1万種類以上のピーファスの製造や使用、輸入を制限する規制案が提出されており、将来的にピーファスを全廃することが提案されています。

第3章　日本のピーファス汚染の実態

すでに紹介しましたが、２０００年5月、スリーエム社がピーフォスとピーフォアの製造を02年までに中止すると公表したことで、ピーファス汚染が新たな環境問題として、人工化学物質の環境汚染をテーマにする研究者の間で認識されるようになりました。

しかし、何のデータも手元になく、最初に課題になったのは、日本にもピーファス汚染があるのか、あるとすればどこで汚染が生じているのかということでした。京都大学では02年から小泉昭夫教授（現・名誉教授）の下で研究チームが組まれ、水質調査を開始しました。私もこの研究チームのメンバーに加わっていました。

全国に広がっていた水汚染

河川水、大気中などのピーファス類の分析手法は２００１年に小泉教授が共同研究者と

図2　河川水のピーファス調査地点

地点	場所	都道府県	市町村	PFOS (ng/ℓ)	PFOA (ng/ℓ)
20	渡良瀬川	群馬県	東村	3.31	3.03
21	利根川	群馬県	大泉町	1.78	6.40
22	荒川	埼玉県	さいたま市	**19.88**	7.56
23	荒川	埼玉県	川口市	**19.61**	14.46
24	綾瀬川	埼玉県	さいたま市	**18.44**	5.65
25	多摩川	東京都	奥多摩町	1.74	0.40
26	多摩川	東京都	青梅市	1.00	0.33
27	多摩川	東京都	羽村市	2.42	0.36
28	多摩川	東京都	昭島市	0.72	2.55
29	多摩川	神奈川県	川崎市川崎区	**31.42**	15.08
30	鶴見川	神奈川県	川崎市	3.66	4.89
48	紀ノ川	和歌山県	岩出町	1.45	2.14
49	野洲川	滋賀県	野洲町	4.12	10.34
50	淀川	大阪府	大阪市東淀川区	9.29	**140.56**
51	淀川	大阪府	大阪市都島区	10.43	**24.42**
52	大和川	大阪府	大阪市住之江区	18.01	**41.60**
53	猪名川	兵庫県	川西市	3.81	4.88
54	猪名川	兵庫県	川西市	0.78	5.70
55	猪名川	兵庫県	尼崎市	37.32	**456.41**

	場所	都道府県	市町村	PFOS	PFOA
	水道水	兵庫県	尼崎市・神戸市	1.10	**12.50**
	水道水	大阪府	大阪市	12.00	**40.00**
	水道水	京都府	京都市	4.90	**5.40**
	水道水	岩手県	盛岡市	0.20	0.70
	水道水	宮城県	仙台市	不検出	0.13
	水道水	秋田県	横手市	不検出	0.12

(Saito et al., 2004. J Occup Health)

開発を進めてきており、2002年には目処が立ちました。まず、全国79カ所の河川の水を分析する計画を立て、02年から03年に調査が行われました（図2）。ピーフォスとピーフォアは大都市圏に近い河川で高い濃度が検出されましたが、東京の多摩川、大阪の淀川では、ピーファス汚染の構成は大きく異なっていました。多摩川ではピーフォス、淀川などではピーフォアが高濃度に検出されたのです（図3・4）。

図3　大阪の下水処理場から放流された水の調査結果

安威川のピーファス濃度

地点	ピーフォア ng/L	ピーフォス ng/L
A1	**19400**	11.7
A2	**24080**	9.1
A3	**39500**	8.3
A4	**42950**	6.1
A5	**67000**	13.0
A6	124	1.9
A7	76.0	1.8
A8	3750	20.2

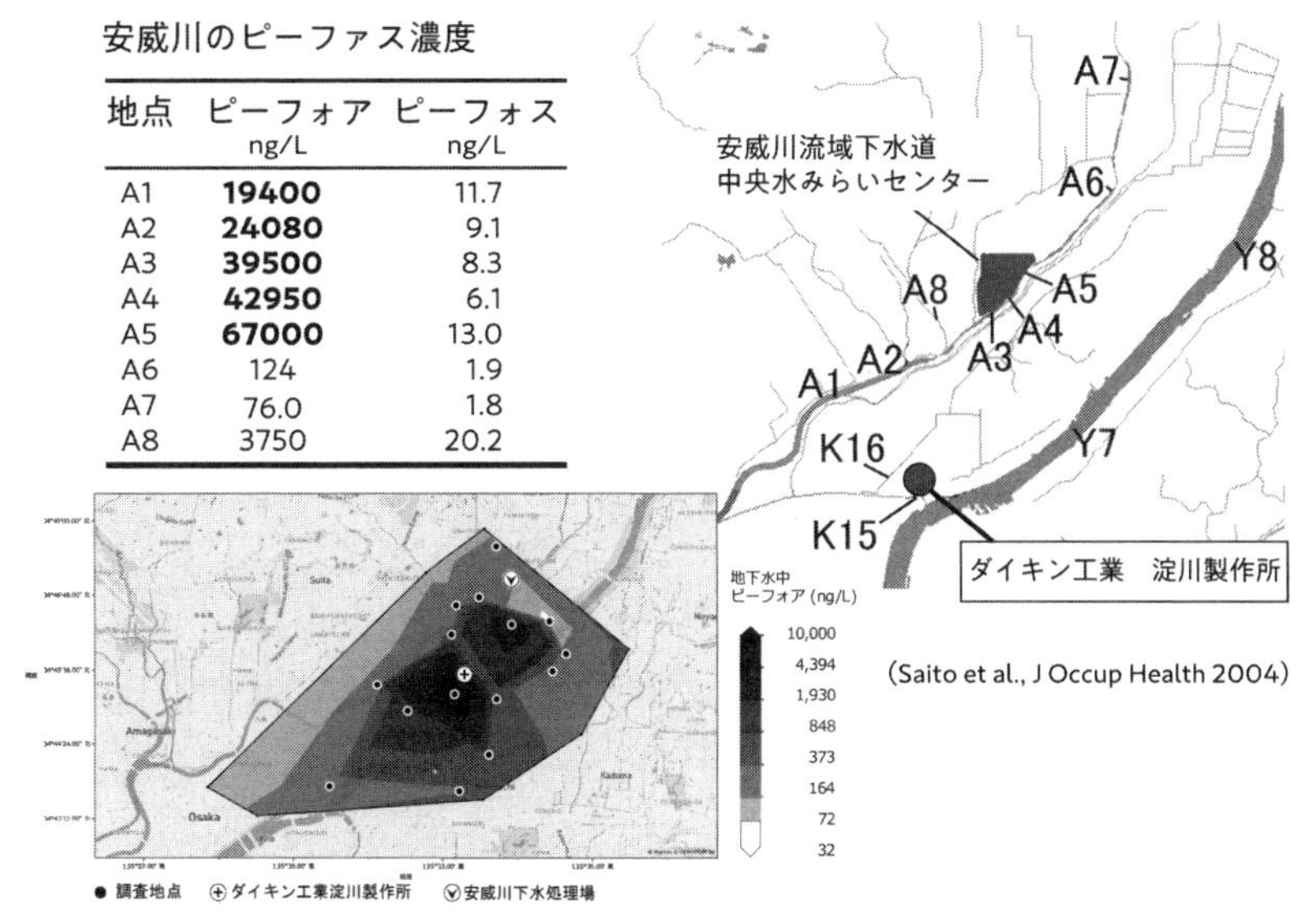

(Saito et al., J Occup Health 2004)

図4　2002年に行った多摩川での水質調査

昭島市の多摩川上流水再生センターからの処理放流水（地点J）で最大濃度のピーフォスが検出された

多摩川中流の砧浄水場では多摩川の伏流水を水源としており、水道水でも平均47.3 ng/Lのピーフォスが検出された

水道水中のピーフォス濃度

地域	ピーフォス濃度 (ng/L)
岩手県	0.26
京都府	3.5
東京都世田谷区	
朝霞浄水場系	3.0
砧浄水場系	47.3

多摩川のピーフォス濃度

地点	ピーフォス濃度 (ng/L)
A	1.7
B	0.7
C	1.6
D	1.3
E	4.1
F	7.8
G	3.7
H	2.1
I	2.2
J	440
K	303
L	350
M	90
N	88.8
O	157
P	36
Q	47
R	107
S	82.3
T	63.7
U	58.7
V	65.3
W	50.3

(Harada et al., BECT 2003)

大阪・摂津市のダイキン工業淀川製作所（2019年）。近くの河川敷は公園になっていて、バーベキューやバス釣り、草野球なども楽しめる。写真：筆者提供

多摩川をさらに詳細に調査したところ、流域にある下水処理場の放流口で最大値（440ng／ℓ）を示しました。多摩川上流処理場（現・多摩川上流水再生センター）は青梅市、昭島市、福生市、羽村市、瑞穂町の大部分と立川市、武蔵村山市、奥多摩町の一部の下水が流入していますが、横田基地の下水も処理していました。

ダイキン工業淀川製作所が汚染源

一方、淀川支流の安威川にある安威川流域下水道中央下水処理場の放流口（大阪府茨木市）では、最大6万7000ng／ℓものピーフォアが検出されました。現在の環境省の暫定指針値50ng／ℓの1000倍以上の濃度で

淀川水系安威川で行った水質調査（2009 年）。写真：筆者提供

した。また、その後の調査でこの地域では河川のみならず、大気と地下水でもピーフォアが高濃度で広がっていることがわかりました。

排出源はダイキン工業のフッ素化学工場でした。ダイキン工業は空調機器のメーカーとして有名ですが、フッ素化学製品の開発・製造も古くから手掛けています。ダイキン工業は汚染源として特定された後、ＰＦＨｘＡ（ペルフルオロヘキサン酸）を代替物質として採用しましたが、安威川とその周辺の地下水では、ピーフォアと同程度の濃度が検出され別のピーファス汚染が広がっています。

米国では、スリーエム社のピーフォス、ピーフォアの製造廃止（22ページ）や、米国環境保護庁からピーファスを扱うメーカーへの自

図５　地下水中のピーフォア（2016 年調査）

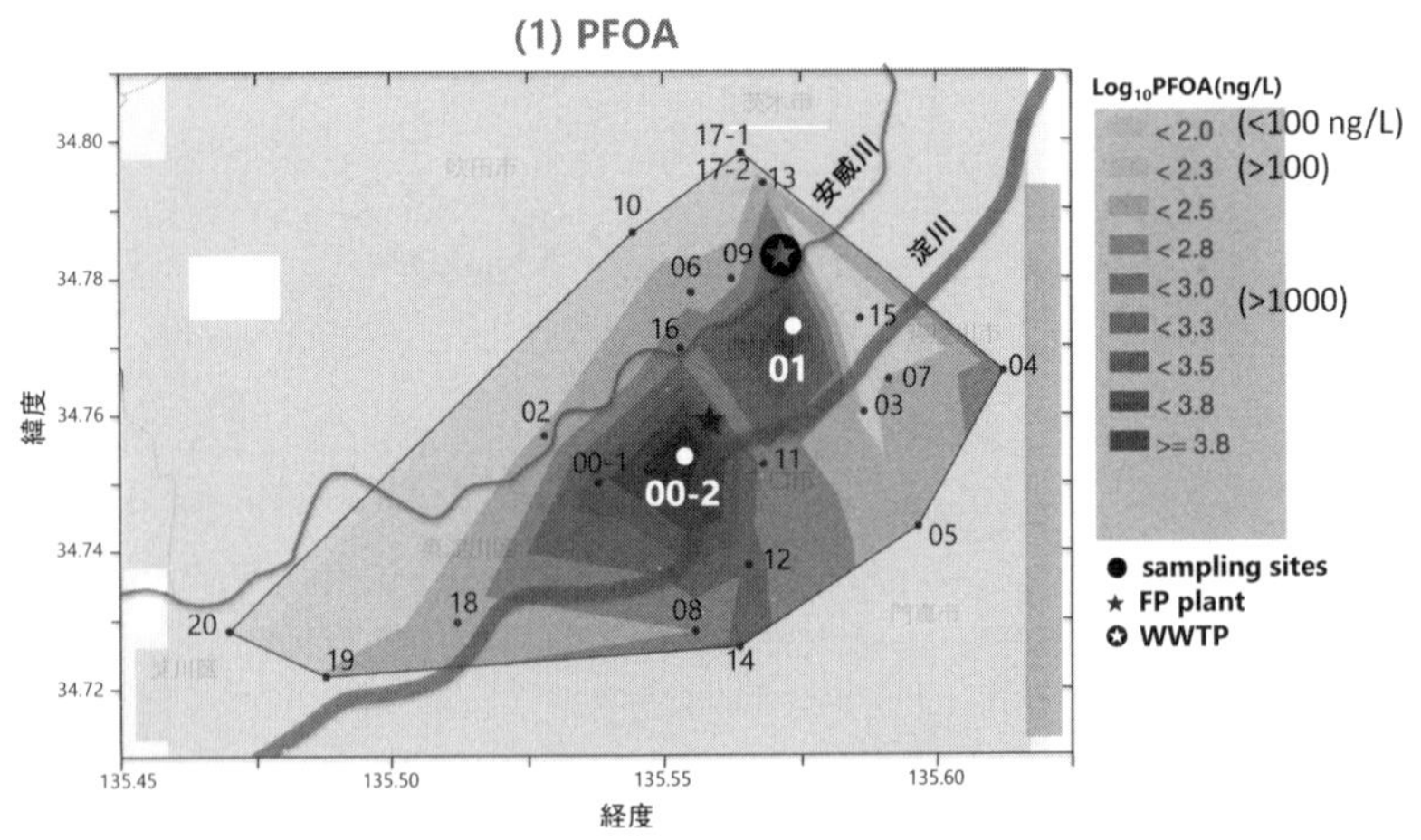

(Shiwaku et al., Chemosphere 2016)

主的規制の勧告（26ページ）によって河川への排出は減少してきましたが、ピーファスの性質である環境残留性によって、土壌汚染を通じて地下水、さらには飲料水の汚染へと広がっていました。

井戸水から水道水に

ピーファスの土壌汚染の影響を知る事例として、水道の水源には利用されていなかったのですが、京都大学の調査で２０１６年、大阪府摂津市の井戸水や周辺の自治体の井戸水から、米国環境保護庁の勧告値70 ng／ℓを大きく超える高濃度のピーフォアが残留していることを見つけました（図５）。排出を減らした後でも、地下水には現在の指針値を大幅に超える濃度で残っていました。また最初に調査した07年から減少していましたが減り方はゆっくりで、指針値を下回るためには10年、20年以上かかるかもしれません。

同年、沖縄県でも水道事業を運営する沖縄県企業局が北谷（ちゃたん）浄水場の取水源でピーフォス汚染を確認し、水道水にも残留することを報告しています。北谷浄水場は沖縄中部と南部の7市町村、40万人近くに配水しており、広範囲の住民が水道水からピーフォスを摂取していたのです。

さらに東京都では多摩地区の水道水の水源となる井戸水から、高濃度のピーフォスが検出されていることが、朝日新聞の取材（20年1月6日）で明らかにされています。

これまで明確な目標値を設定してこなかった行政も、このような全国的なピーファス汚染が問題になって、20年、厚生労働省が水道水に対して、環境省が河川や地下水に対して、ピーフォスとピーフォアの合計で50ng／ℓという暫定指針値を定めています（57ページ）。それにより、各自治体のピーファス検査も行われるようになりました。

環境省の調査

２００２年から環境省の化学物質環境汚染実態調査にピーフォスとピーフォアが含まれ、少しずつですが調査が始まりました。14年には要調査項目に追加され、20年には要監視項目に格上げされました。20年6月、環境省水・大気環境局は「令和元年度PFOS及びPFOA全国存在状況把握調査の結果について」を発表しています（表2）。19年度に環境省が行った全国の河川、地下水でのピーフォスとピーフォア調査で、16年以来のものでした。

各都道府県のピーフォスとピーフォアの排出源となり得る施設（泡消火剤、ピーファス製造施設、下水道処理施設など）などの周辺を含めた171地点（河川106地点、湖沼4地点、海域9地点、地下水46地点、湧水6地点）を調査したものです。

調査結果と対策

環境省は2020年にピーフォスとピーフォアを要監視項目にし、暫定指針値をピーフォスとピーフォアの合計で50ng／ℓとしました。この指針値を超える地点が13都府県37地点ありました。東京都は多摩地区の地下水で50ng／ℓ超過する地点が多く、他の地点では河川、湖沼での超過もありました。これらの河川、地下水を水道水の水源としてきた地域では住民がピーファスを摂取する原因になります。

東京都では19年にピーファス濃度が高い地下水は取水しないように切り替えました。東京都は、現在の水道水のピーファスは厚生労働省の暫定目標値を下回っており、水質に問題はない、

表2　暫定指針値を超えるピーフォスとピーフォアが検出された37地点

■日本の暫定指針値 50ng/ℓ　▒ 50ng/ℓを超える汚染

調査地点			値
埼玉県	本庄市	(新泉橋)	51.8
千葉県	白井市	(名内橋)	349.2
	柏市	(下手賀沼中央)	191
	市原市	(雷橋)	128.6
東京都	立川市	(地下水①)	337.2
		(地下水②)	67.7
	国立市	(地下水)	84.4
	練馬区	(地下水①)	108.4
		(地下水②)	93
	日野市	(地下水)	94.1
	府中市	(地下水)	301.8
	調布市	(地下水)	556
	渋谷区	(地下水)	154.2
	大田区	(地下水)	135.1
神奈川県	大和市	(福田一号橋)	213.3
		(山王橋)	248.5
	藤沢市	(六会橋)	110.5
		(下土棚大橋)	126.8
		(秋本橋)	107
		(富士見橋)	91.5
愛知県	名古屋市港区	(荒子川ポンプ所)	107.7
三重県	四日市市	(海蔵橋)	102.3
京都府	八幡市	(地下水)	85.3
大阪府	摂津市	(地下水)	1855.6
兵庫県	神戸市西区	(玉津大橋)	145.6
		(上水源取水口)	105.4
	加西市	(地下水)	73.1
奈良県	生駒市	(芝)	64.4
福岡県	築上市	(川尻橋)	145.9
大分県	大分市	(別保橋)	142.6
沖縄県	沖縄市	(元川橋)	475
		(ダクジャク川)	1508.1
	宜野湾市	(チュンナガー)	1303
		(ヒヤカーガー)	168.8
		(メンダカリヒーガー)	815.3
	嘉手納町	(シリーガー)	1188
	北谷町	(インガー)	63.2

0　500　1,000　1,500　2,000

出典：「令和元年度 PFOS 及び PFOA 全国存在状況把握調査結果一覧」を元に作成

としていますが、マンションや事業所などで使う水道水のなかには自前で地下水を汲み上げ、配水している方式（専用水道、飲用井戸）のものがあり、そういった方式の配水システムでは、ピーファス汚染が対策されないままになっています。

現状は暫定的な目標値なので、調査は義務ではありませんし、50ng／ℓを超えていても、法律上の規制は行われません。しかし、発生源の多様さや長期間にわたる環境残留性から、一部の地域に限定された問題ではなく、全国的な課題として捉えるべきです。長年にわたるピーファスの水環境への影響には、まだわからないことが多いのが実情なのです。行政が積極的に調査しなければ実態は明らかにならないでしょう。

食事・化粧品などからの摂取

ピーファス汚染の人体への摂取ルートは飲料水だけではありません。水道水が特に汚染されてないケースでは、一般的な摂取経路は食品によるものと考えられています。環境残留性、生物蓄積性が高い化学物質は食物連鎖によって、人体に蓄積されていきます。

２００９年ごろ、小泉研究チームは、食事を経由して体内の摂り込まれるピーファスを調べるために、１日分の食事をまるごと分析する「陰膳法（かげぜんほう）」による食事調査を行っています。この食事調査によると、関東と東北の成人協力者20名では、1日に平均約140ng/ℓのピーフォス、ピーフォアを摂取していました。

この調査では、ごはん、肉、さかな、野菜すべてを混ぜて分析するので、どの食材に含まれていたかはわかりませんでした。その後、魚介類の調査も行い、魚や貝にピーファスが比較的高く含まれていて、1日の摂取量のおおよそを説明できました。そうすると、魚介類の摂取量が多いほど、血液中のピーファスの濃度も高くなると考えられました。魚介類に豊富に含まれるDHAとEPAが血液中に多い人ほど、たしかに血液中のピーフォスの濃度が高いことがわかりました。ただし、魚介類を中心とした食事は、健康によいことがわかっているので、ピーファスが含まれているからといって、食べることを控えることはおすすめしません。

化粧品にも撥水作用があるピーファスが含まれていると紹介しました。皮膚からの吸収は胃腸からの吸収よりは少ないものの、製品には高濃度で添加されているので、なるべく避けたいところです。撥水剤や防水スプレーなどのピーファスが含まれた製品を家庭内で使うと、吹き付けた家具、またハウスダストなどに付着して、いくらかは口に入ることになるので注意が必要です。家庭のハウスダストに含まれるピーファスの調査では、家庭ごとにピーファス濃度が大きく異なることから、ピーファス含有製品を使用することが原因になっていると考えられます。こまめな掃除でハウスダストがたまらないようにすることが効果的と考えられます。

血中濃度から見えること

なぜ血液調査が必要なのでしょうか。

この項目までに、私たちが身の回りのさまざまな場面でピーファスを体に取り込む可能性があることを紹介しましたが、一人ひとりがどのようなものからピーファスを摂取しているか、個人ごとに飲料水、食事、日用品、空気などを分析して推計できるでしょうか。現実的にはそのような調査は不可能です。

血液調査は生物モニタリングとも呼ばれますが、個人ごとの血液や尿などの体の一部を使って、化学物質の量を調べる方法です。その量は、血液を摂取した時点で体内にある化学物質の量を反映していると考えられ、個人ごとのさまざまな経路からの曝露の総和を知ることができます。蓄積しやすいピーファスについては、血液を採取した時点以前の数年間の摂取量も反映していると考えられます。そのため、健康影響との関連を研究するためにも有用です。

2003年と04年、小泉研究室では国内10地域（秋田県、京都府、山口県、高知県、沖縄県など）の成人男女の血液を分析しています。男女各10検体ずつ、計200検体の血液中のピーフォス、ピーフォアの分析を行っています（図6・7）。

図６　血漿（けっしょう）* 中ピーフォス濃度 幾何平均の 10 府県比較（縦線は幾何標準偏差）

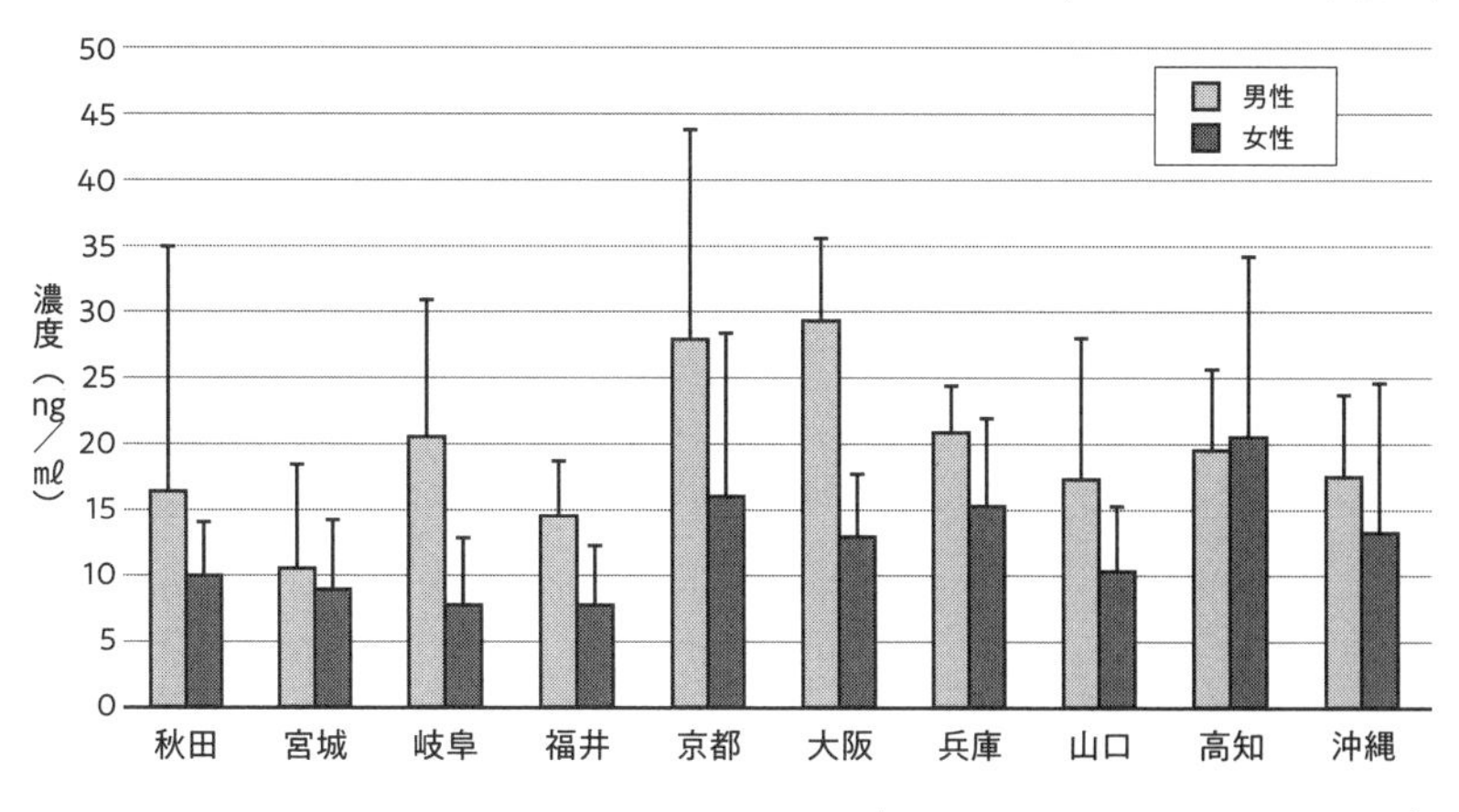

（Harada et al.,2007.*Chemosphere*）

図７　血漿中ピーフォア濃度 幾何平均の 10 府県比較（縦線は幾何標準偏差）

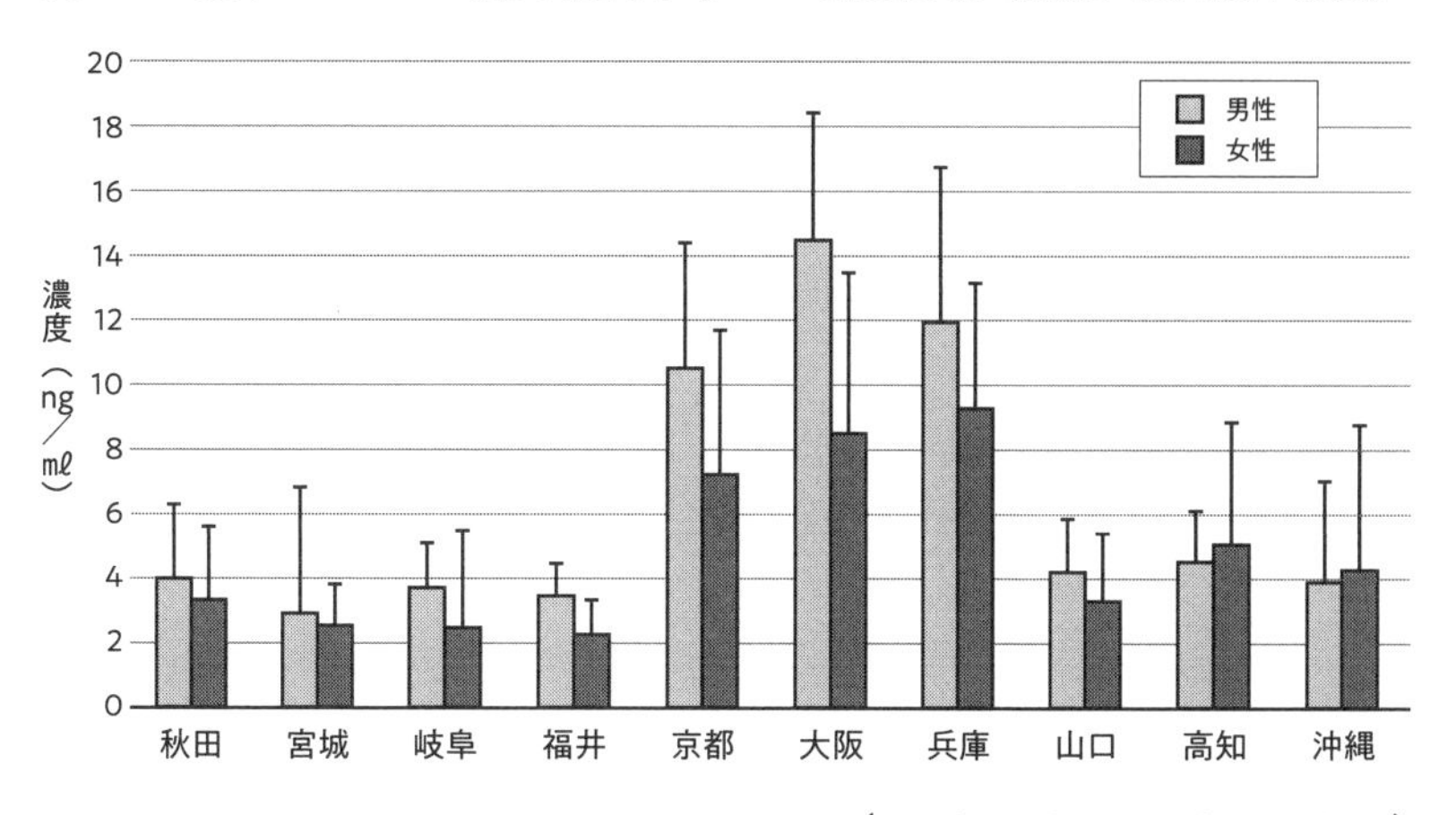

（Harada et al.,2007.*Chemosphere*）

＊血漿とは、血液のうち赤血球、白血球、血小板などの血球成分以外の液性成分（水、タンパク質、糖質、脂質など）を指す。

この結果によると、ピーフォスの濃度では各地域に大きな差はありませんでした。京都、大阪、兵庫ではやや高めで、男女の平均で20ng／mℓの水準でした。

しかしピーフォアの血液濃度は、京都、大阪、兵庫地域がほかの地域に比べ、突出して高濃度でした。ほかの調査から見て水道水などの影響があったと考えられます。男性と女性で比べると、男性がやや高い傾向がありました。女性では月経で血液が排出されるため、血液中のピーファスが減るのではないかと考えられます。閉経後の女性は血液中のピーファスは男性と同じくらいになります。

ピーファス問題が明らかになる以前の状況はどうだったのでしょうか。いつから私たちがピーファスを摂取してきたのか、またどのように増えてきたのか、遡って調査することは難しいと考えられます。しかし京都大学には1万人以上の京都府民の血液試料が１９８０年代から保存されています。この血液を分析したところ、ピーフォスは80年代から大きな変化はなく、この時までにすでに汚染が広がっていたと考えられます。一方のピーフォアは、83年から99年の間に4倍以上の濃度になっていました（図８）。身の周りでピーファスが使われて、血液中に摂り込まれてきたと推定しています。その原因になった製品が何かまではわかっていませんが、この間にフッ素樹脂の製造量も同じく4倍くらいに増えてきました。

00年以降、ピーフォアの製造、使用が控えられるようになってきたことから血液中のピーフォ

図８　血漿中のピーフォア濃度の経年変化（1983 ～ 2013 年）

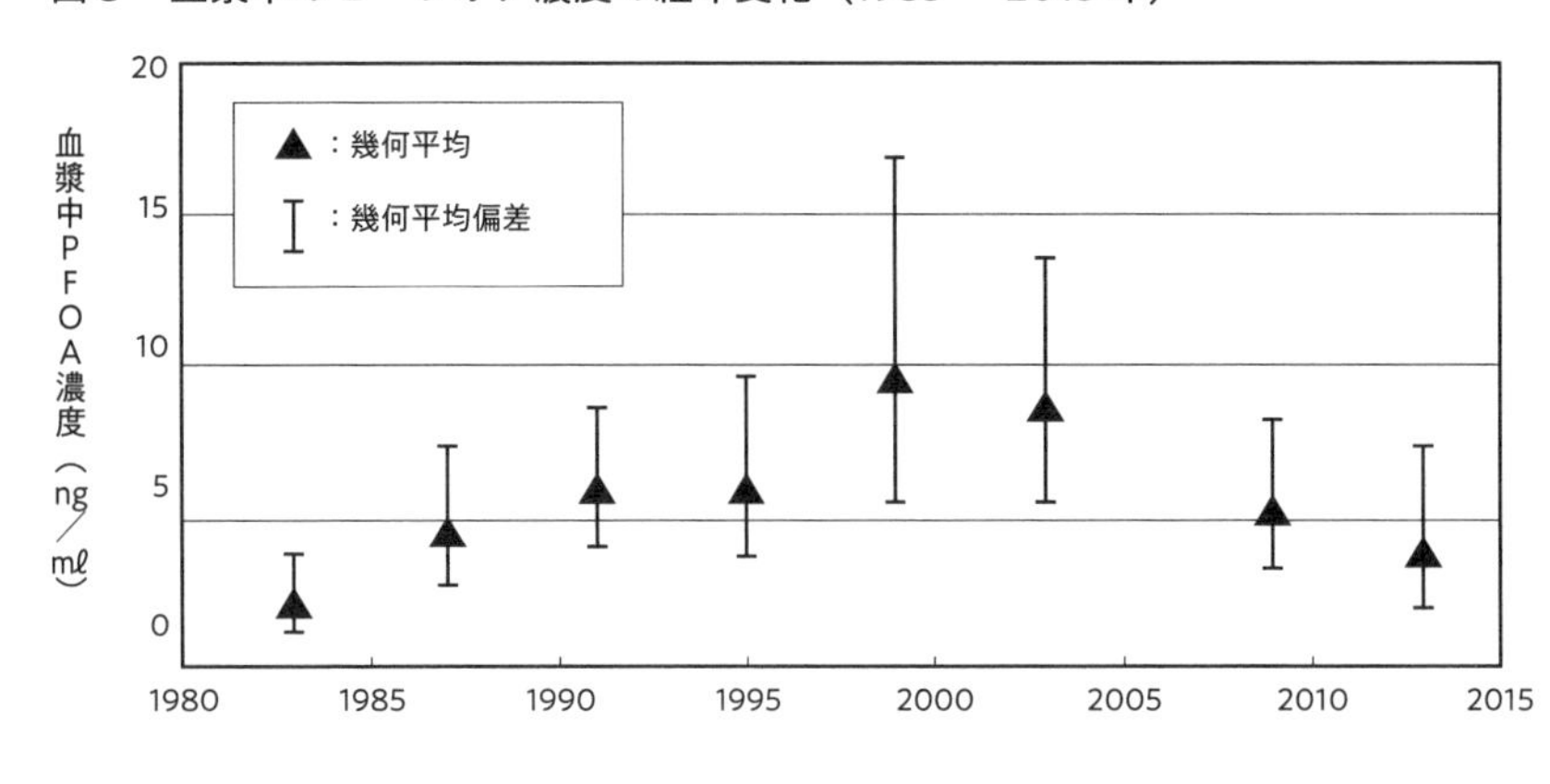

ア濃度も下がってきました。この結果を受けてピーフォス、ピーフォアの使用の削減に伴い、問題はなくなっていくことを期待しました。しかしながら長年使用されてきたピーファスの影響は続いていました。

沖縄県宜野湾市での調査

沖縄県では、２０１４年から水道水のピーファスについて検査を開始しました。主に沖縄本島の中部に水道を供給する北谷浄水場の取水源となっている、嘉手納町の比謝川でピーフォス濃度が高いことがわかり、16年にそのことを公表しました。取水源のある嘉手納基地周辺の大工廻川で１４６３ng／ℓのピーフォスが検出されました。本島中部・南部の7市町村45万人近くに配水する北谷浄水場でのピーフォス汚染は、広範囲の住民にピーフォス曝露を引き起こしたと考えられました。汚染源と

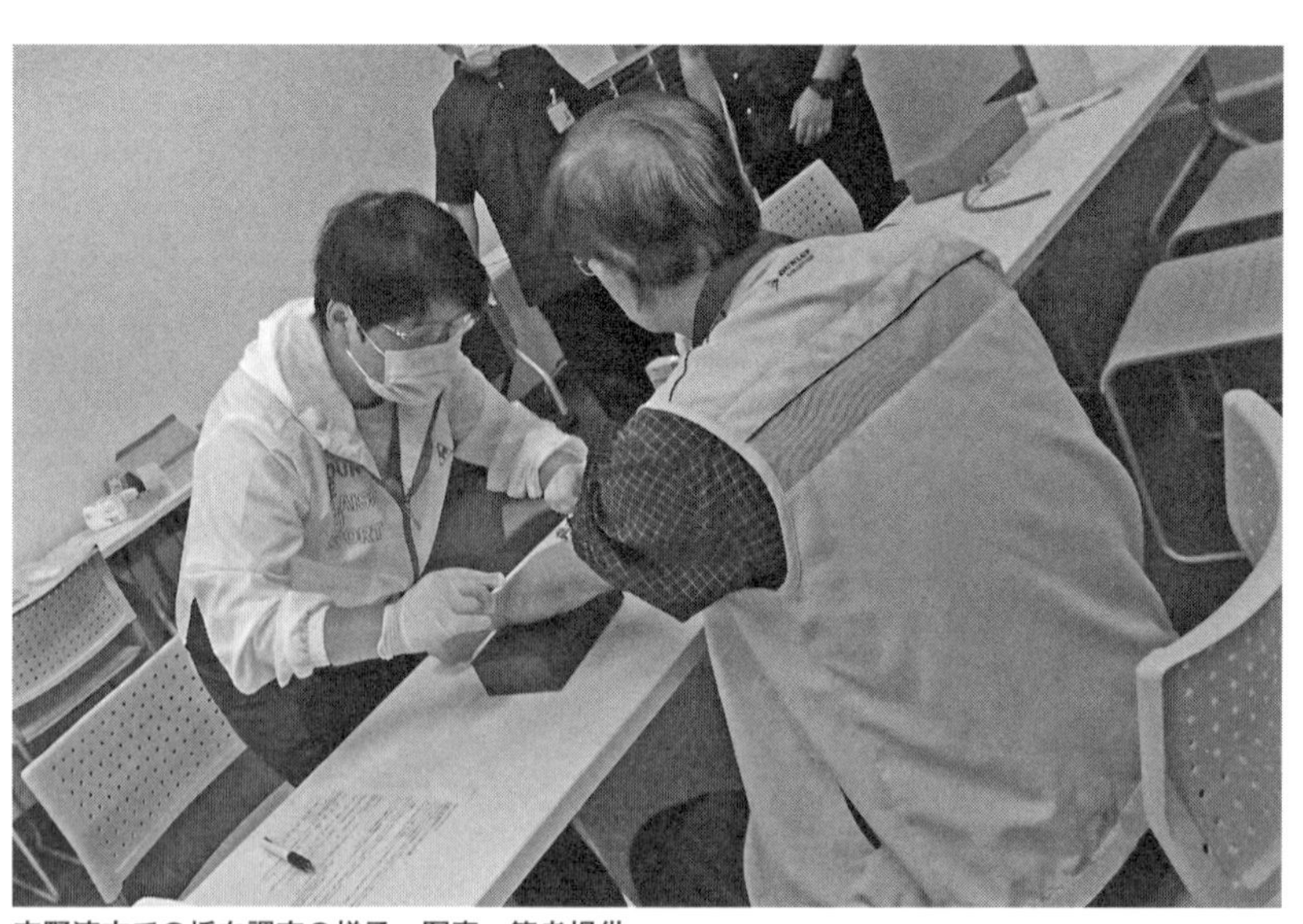
宜野湾市での採血調査の様子。写真：筆者提供

して在日米軍嘉手納基地の可能性が挙げられました。しかし当時は水道水の基準などもなく、具体的な対応は取られませんでした。

このような状況に対して、19年4月、宜野湾市の市民から京都大学に調査の要望があり、住民の血液中のピーファス濃度を分析することになりました。宜野湾市と汚染の影響が少ないと考えられる南部の南城市の住民の血中を測定しました（図9）。

この調査の結果は、北谷浄水場の配水区域に住んでいる宜野湾市民の血中でのピーフォス、ピーフォスによく似たピーエフヘクスエス濃度は南部の南城市民より高く、さらに宜野湾市民のなかで、水道水を主に利用している市民の血中濃度が、水道水以外から飲料水を得ている市民よりも有意に高い、というも

図9　宜野湾市と南城市で行ったピーファス生物モニタリング調査結果

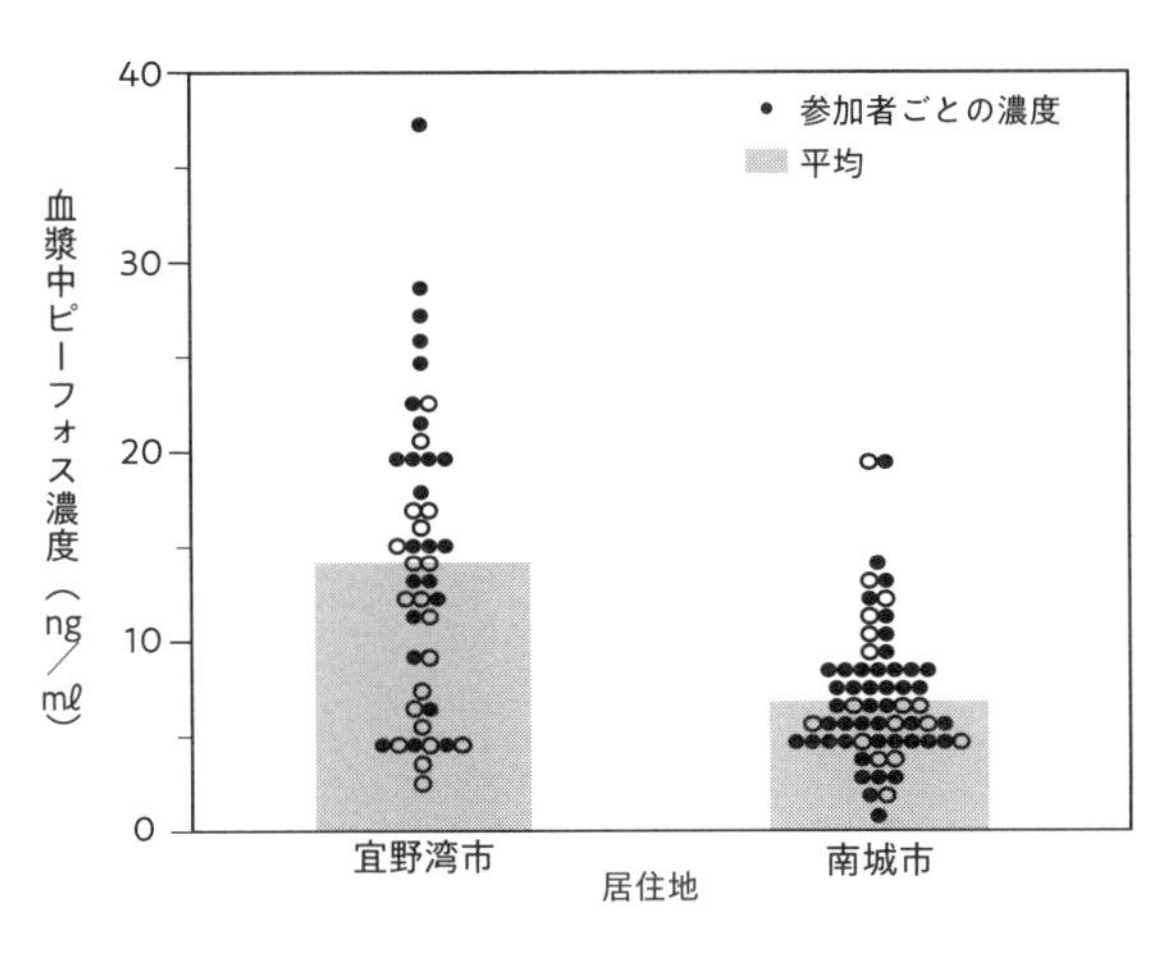

のでした。沖縄県では水の硬度が高いため、水道水を主に飲用しない人も多かったことからわかりました。水道水が宜野湾市民のピーフォス、ピーフォア、ピーエフヘクスエスの摂取源になっていることがはっきりとわかったのです。

沖縄県では、22年にも他の市町村での血液調査が市民団体「PFAS汚染から市民の生命を守る連絡会」との協力で実施され、北谷浄水場の他の配水区域でも同様に高めのピーファス濃度が見られています。

水道水からピーファスを削減する取り組み

沖縄企業局のホームページによると、北谷浄水場は1日当たり24万7300㎥の送水能力を持ち、県下最大規模の水道用水の浄水場です。ここから配水される水を飲用している住民の血液からピーフォス、ピーフォア、ピーエフヘクスエスが検出されたという事態に、北谷浄水場では、2020年から粒状活性炭による除去対策、別の水源を増やすことを導入しています。かなりの効果が上がっており、水道水中のピーファス濃度は低下してきました。しかし、22年でも高い血液中のピーファス濃度だったことから、引き続き生物モニタリング調査で効果を実証していく必要があります。

東京・多摩地区での血液調査

在日米軍横田基地のある東京都の多摩地区でも水道水中のピーフォス濃度が高いことが東京都の検査でわかっていました。2010年代では国分寺市への配水を行っている浄水場では100ng／ℓ前後という、20年に設定された厚生労働省の水道水質管理目標値(50ng／ℓ)を超えていました。

沖縄県での調査に続いて、22年から23年にかけて市民団体「多摩地域の有機フッ素化合物(PFAS)汚染を明らかにする会」による生物モニタリング調査が行われ、ピーファス分析に協力しました。このうち東京都国分寺市の住民で平均血漿中濃度がピーフォスで16・7ng／mℓ、ピーエフヘクスエスが17・7ng／mℓで検出されました。これは周辺の自治体のうち汚染が特に

図10　東京・多摩地区での血液検査によるピーファス汚染地図

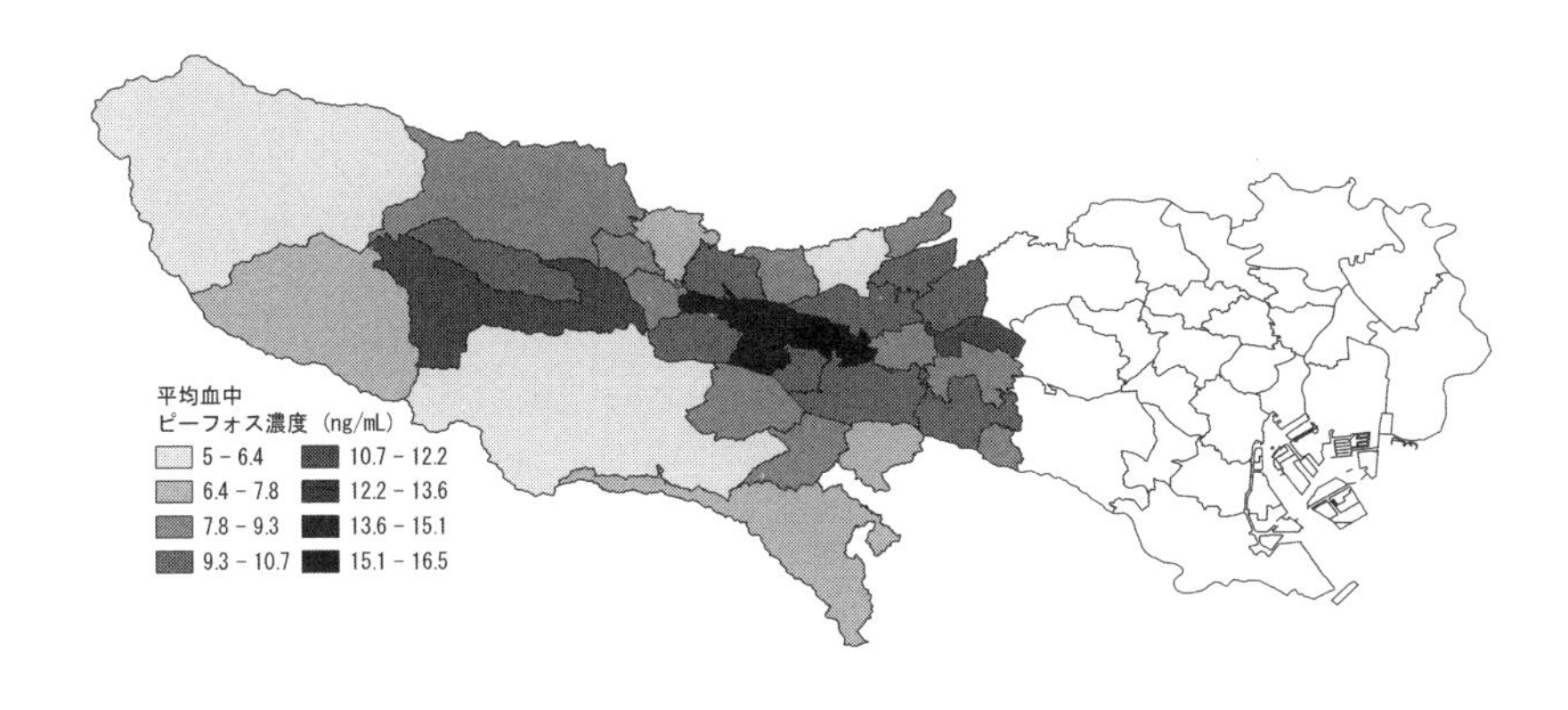

図11　東京・多摩地区での浄水器の使用状況によるピーフォス血中濃度の比較

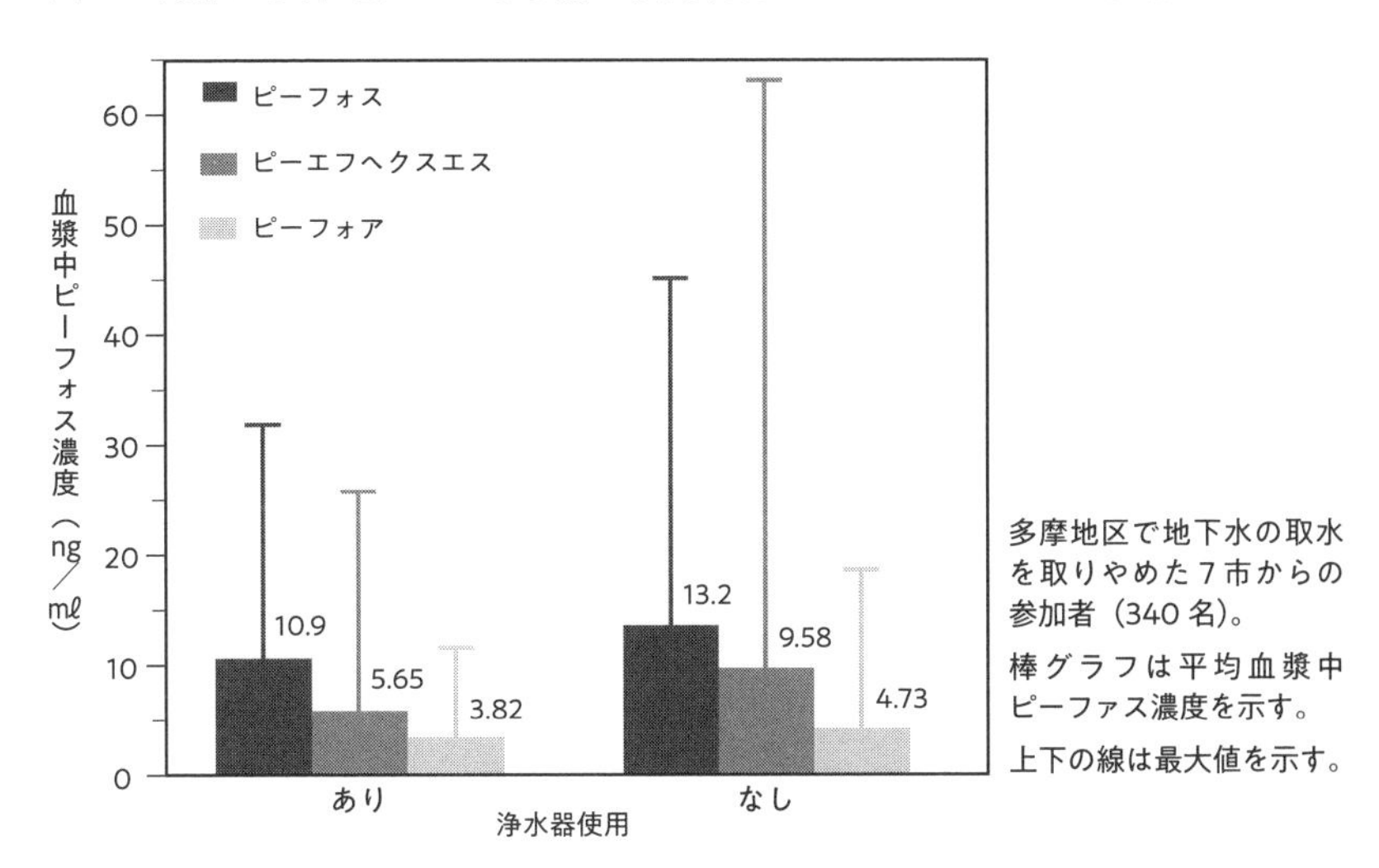

多摩地区で地下水の取水を取りやめた7市からの参加者（340名）。
棒グラフは平均血漿中ピーファス濃度を示す。
上下の線は最大値を示す。

ない地域よりも2～3倍高い濃度となっていたのです（図10）。ここでも、水道水の利用状況で、特に浄水器を使用している人たちが低い血液中ピーファス濃度であったことから、水道水からピーファスを摂取していたことがわかりました（図11）。

農作物がピーファスを取り込む

大阪府摂津市におけるダイキン工業淀川製作所周辺での土壌、地下水のピーフォアが高濃度で検出されたことはすでに紹介しましたが、この一帯では水道水の汚染はありませんでした。これは水道の水源が主に淀川の水であったためです。しかし、農家で農作物を自家消費している住民には、ピーフォアが１００ng／mℓ近い血液濃度の人もいました。水道水以外に考えられる摂取経路として農作物に着目しました。農家さんの野菜を分析し、ピーフォア濃度が高いことが明らかになりました。ピーファスのなかでも、ピーフォアで高い汚染がある土壌では農作物にピーフォアが入り込んでしまうことがわかり、ピーファス汚染がもはや水の問題にとどまらないことを示していたのです。

一時的な流出による汚染のリスク

恒常的な使用ではなくても、市中へのピーファス汚染は今も起こっています。

２０２３年６月、沖縄県那覇市にある沖縄県庁の地下駐車場で、スプリンクラーの誤作動によってピーファスを含む泡消火剤が噴出し、庁内の湧水槽からは国の暫定指針値の４８０倍ものピーフォスとピーフォアが検出されました。また、湧水槽から推定９００リットルほどが側溝を通って近くの久茂地(くもじ)川にも流れ込みました。その後１週間ほど経ってからの久茂地川の水質調査では、国の暫定目標値を下回っていましたが20ng／ℓと下がり切っていませんでした。

多くの立体駐車場に泡消火剤が設備されています。現在、ピーフォスを含む泡消火剤は新規製造されていませんが、全国の駐車場には約80・４万ℓのピーファスを含む泡消火剤が在庫されています（２０２０年、環境省）。この数年の間にも神奈川県海老名市（２０１７年６月）、北海道札幌市（２０１９年８月）、大阪府大阪市（２０２１年10月）、愛知県名古屋市（２０２３年７月）などの駐車場で、火災とは関係なく泡消火剤の噴出、施設外への流出がありました。流出量や流出経路によっては、地下水や土壌で高濃度の汚染が発生するリスクがあるのです。

ピーフォス、ピーフォア以外はどうなの？　日本、韓国、ベトナムの比較調査

大手化学メーカーによるピーフォス、ピーフォアの製造自粛が行われ、米国でピーフォス、ピーフォアの血中濃度が下がっていることが報告されていました。

その後、京都大学が日本、韓国、ベトナムでの汚染の動向を比較調査しました。日本では血液中のピーフォス濃度が２００３年から08年にかけて有意に低下していましたが、ピーフォア濃度についてはわずかに低下がみられました。

韓国ではピーフォス、ピーフォアがやや低下しましたが、日本とは動向が異なっていました。ベトナムでは07年だけの調査ですが、ピーフォアの血液中残留はほとんど見られず、ピーフォスの濃度は日韓の状況と差がありませんでした。ピーフォアが低濃度でも、ピーファスの一種であるピーフォスの濃度は日韓の状況と同等だという現象はほかの国ではまったく見られないパターンでした。魚介類の摂取が多い地域では、環境中に広がったピーフォスが食物連鎖を通じて、いまだに摂取されているのだと考えられます。

最初に述べたように、ピーファスは炭素の水素原子をフッ素原子と置き換えることでさまざまな特質をもつ人工化学物質が生まれます。成分の炭素の数が多いピーフォアに似ている物質

も調査したところ、日本、韓国、ベトナムで採取した血液から検出されました。その濃度は、ピーフォアよりも多くなってきており、また２０００年代の初めよりむしろ増加していました。このことにより、各地域で使われているピーフォス、ピーフォアに違いがあり、またピーフォス、ピーフォア以外の物質が広範囲に使われていることが推測されます。ピーファス汚染の実態を捉えるのにはピーフォス、ピーフォアだけの調査では不十分だと考えています。

ピーファスの半減期はとても長い

種々のピーファスが自然環境下で難分解で、「永遠の化学物質」と呼ばれていることは、はじめに紹介しましたが、半減期（物質の量が半分になるまでの期間）が確定されないとされています。フッ素樹脂の業界関連のホームページの解説でも、フッ素樹脂は「主鎖の化学構造にフッ素を含有する樹脂の総称です。炭素―フッ素結合の強さに起因して、優れた耐熱性、耐燃性、耐薬品性、耐候性」があるとしています。つまり、熱にも強く、薬品でも、太陽の光などでも分解されない特質があるというわけです。経済産業省の化学物質審議会に提出された資料では、ピーファスの水中における半減期は92年以上とあります。この半減期は、新たに放出がなくなった後に土壌などからどれくらいの速さでなくなるかの指標となります。

体内半減期は、薬であれば飲んだ後に体の中でその物質や薬成分の血中濃度が半減するまでの時間のことを指し、血中（濃度）半減期や消失半減期とも言いますが同じ考え方です。

これまでも体内に摂り込まれて有害作用を引き起こしたダイオキシン類、水俣病の有機水銀、農薬、放射性物質などでは、体内に残留する期間が問題にされました。人体は、摂り込んだ物質を大便や小便、汗などから排泄して、有害物質の残留量を減らす機能を持っていますが、残留期間が長いほど、人体影響も長期間にわたると考えられますし、残留しやすい物質ほど、徐々に体内に蓄積して高濃度になるのです。

各種の分析調査から、主なピーファスの体内半減期は、新たな摂取がない状態では、3～6年ほどとされています。しかし一部の対策を行っても、私たちが摂取するピーファスがゼロにならず、過去に使用されて環境中の残留しているピーファスが「永久に分解しない」とすれば、単純に減っていくことはありません。飲料水、食品、化粧品などから日常的に摂取している量をどのように減らしていくかが個人の生活レベルでは重要になってくるのです。

第4章　ピーファスの人体への影響

ピーファスの環境汚染の状況や摂取の実際を知ると、結果としてどのような影響があるのかについて、心配されるかと思います。ピーファスのうち、ピーフォス、ピーフォアについてはこれまで多くの研究が行われ、いろいろなことがわかってきました。

２０００年代半ばに行われた、ネズミなどを使った動物実験は、特に、親のネズミにピーファスを投与して、生まれてきた胎仔の成長が遅れることが示されました。この影響は肝臓や神経、発がん性の影響が出る投与量より低濃度でも確認され、多くのリスク評価で目安になっています。ヒトの健康調査となる疫学研究でも、母体血中のピーフォアとピーフォスの濃度と出生体重に程度の大小はありますが関係があったことが報告されてきています。これらの疫学研究では、血中濃度はそれほど高くなくても影響が見られ、人間は実験動物よりも影響を受けやすい可能性があります。

集団訴訟で明らかにされた疾患リスク

『ダーク・ウォーターズ　巨大企業が恐れた男』（2019年製作／米国／126分）という映画をご覧になったことがありますか。デュポン社が、フッ素樹脂製造を長年行ってきた結果、ピーフォアによる地下水汚染を引き起こした事件を題材にしたドキュメンタリータッチの映画で、実際の被害者が登場しています。

1990年代にウエストバージニア州の農場が、デュポンの工場からの廃棄物によって土地が汚染され、190頭もの牛が病死したという訴えが事件の始まりでした。弁護の依頼を受けたロバート・ビロット弁護士の調査によって、デュポンが発がん性の懸念のある有害物質の危険性を40年間も隠蔽し、大気中や土壌に垂れ流し続けた疑いが判明します。

実際この地下水汚染事件は、ウエストバージニア州とオハイオ州の住民7万人を原告団とする一大集団訴訟になっていきます。和解のテーブルに着いたデュポンは汚染物質の垂れ流しを認め、和解内容には、合計6億7070万ドルの和解金を支払うことと2つの州の住民の健康調査を行うことが盛り込まれました。

その後、独立した科学者委員会によって、デュポン社の従業員を含む地域住民6万9000

人の調査（C８研究）を実施し、科学者委員会はピーフォア曝露と高コレステロール値、腎臓がん、精巣がん、甲状腺疾患、潰瘍性大腸炎及び妊娠高血圧症との間に「関連性が高い」(Probable）という結論を発表します。

注意が必要なのは、「関連性が高い」という意味は、ピーフォアの血中濃度が高くなると、がんなどの疾患が確実に発症するというのではなく、血液中の濃度が高い人と低い人を比べたら、高い人の方が発症のリスクが上昇するという判定です。しかし、「関連がある」ということを科学者委員会が認定したことから、これらの病気にかかった住民が損害賠償を求め、認められるきっかけになりました。またほかの地域でもこれらの病気とピーファス摂取の関係を調べる取り組みを後押ししました。

このように、海外ではさまざまな集団でピーファスの人体影響の疫学研究が行われていますが、日本では子どもや妊婦を対象にした研究がいくつかあるものの、成人を対象にした研究はあまり行われていません。ピーファスによる血液中の脂質や代謝への影響が一部検討されていますが、成人を対象にした種々の人体影響の調査研究が不可欠です。子どもを対象とした研究として、環境省ではエコチル調査という胎児のころから13歳になるまでを追跡した定期的で大規模な調査でピーファス研究を行うという計画はありますが、その結果は何年も公表されておらず、結果の公表が待たれています。

発がん性のリスク

ピーファスと発がん性との関係が注目されています。国際がん研究機関（ＩＡＲＣ）は、世界保健機関（ＷＨＯ）の付属機関で、「発がん状況の監視、発がん原因の特定、発がん性物質のメカニズムの解明、発がん制御の科学的戦略の確立を目的として活動」しています。

わかりやすい指標として発がん性分類をグループ１、グループ２Ａ、グループ２Ｂ、グループ３の４ランクに分けて、それぞれの物質を挙げています。注意したいのは、これは発がん性の強さのランク分けではなく、研究の確かさをもとにしたもので、ヒトでの健康調査で確認されるほどグループ１に近づきます。

２０１４年、国際がん研究機関はピーフォアを「グループ２Ｂ（ヒトに対して発がん性がある可能性がある）」に分類しました。動物実験によるものですが、ピーフォアを発がん性を引き起こす化学物質と認定したのです。ネズミなどのげっ歯類では肝臓、乳腺、精巣、膵臓で腫瘍が発生することが実証されています。

ヒトでの疫学研究では、ピーファス製造を行ってきたスリーエムなどの労働者への調査が行われてきました。ピーフォス、ピーフォア製造・使用施設の労働者で前立腺がん、膀胱がんの可能性が示唆されたほか、デュポン社によるＣ８研究ではピーフォァ曝露と腎臓がん、精巣がんとの関連が示唆されています。さらに全米10万人規模での研究では腎臓がんと血液中のピーフォァ濃度が関係したことが報告されました。このことは、発がん性の検討に重要な結果を示しました。国際がん研究機関は23年11月に２度目の会議を行い、ピーフォスも含めてさらに検討しました。

労働者以外で甲状腺がん、前立腺がん、乳がんなどとの関連が検討されていますが、まだ一致した結果に至っていないのが現状です（図12）。

健康リスク予防の暫定目標値

２０２０年、厚生労働省（水道水）と環境省（環境水）がピーフォスとピーフォァの合計で50ng／ℓという暫定指針値を定めていますが、その根拠は動物実験の毒性評価によるもので、実験動物とヒトでは同じ影響が出るとは限りません。今日の研究では、ヒトに対する疫学研究では、実験動物を用いた影響評価よりも低い濃度で出てくるということが報告されています。

健康リスクの予防の目安は日本では指針が示されていませんが、２０１９年、ドイツ環境庁はピーフォスの血中濃度が20ng／mℓ、ピーフォァは10ng／mℓと公表しました（妊娠可能年齢の

図 12　ピーファスによる健康影響

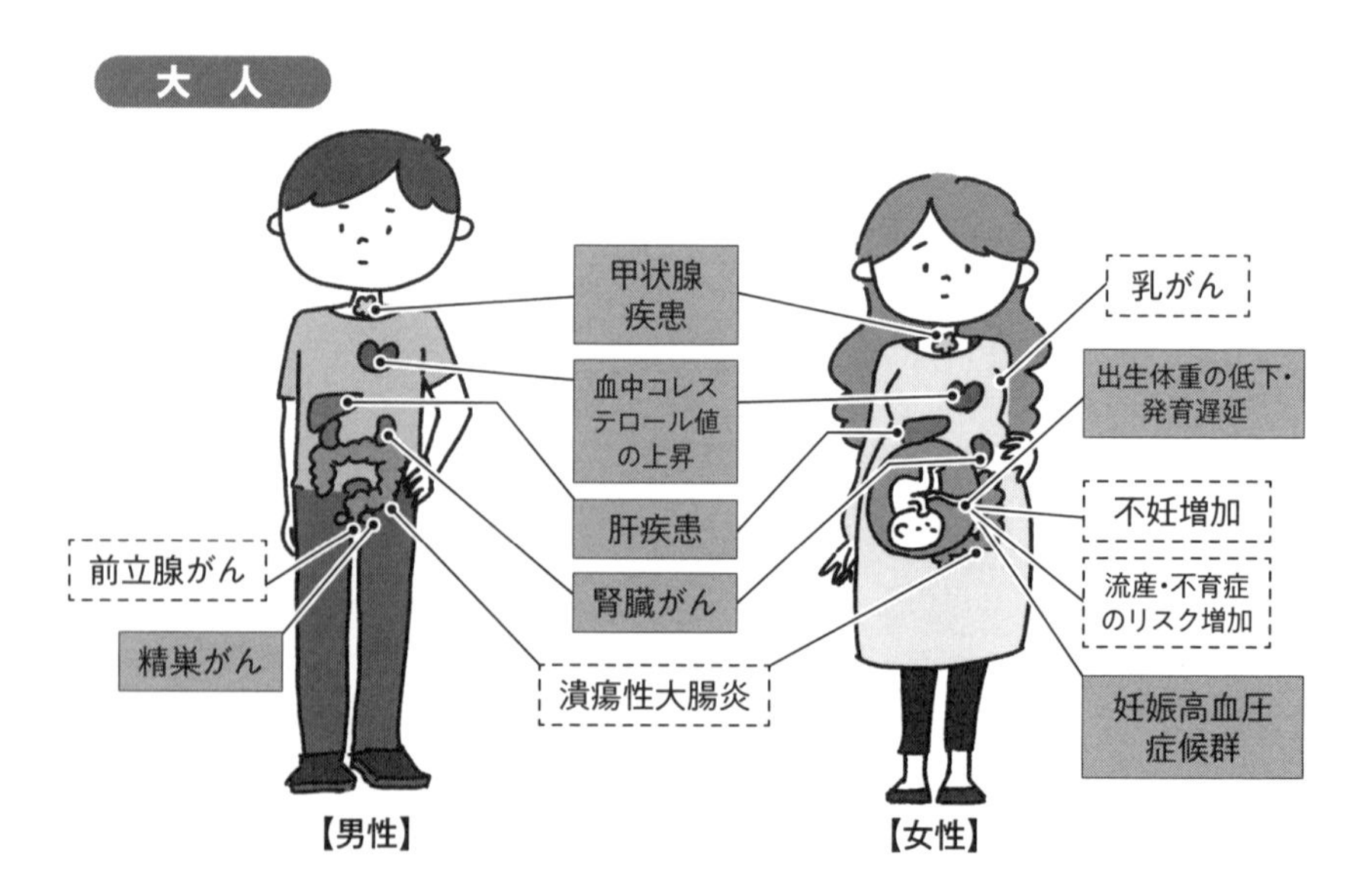

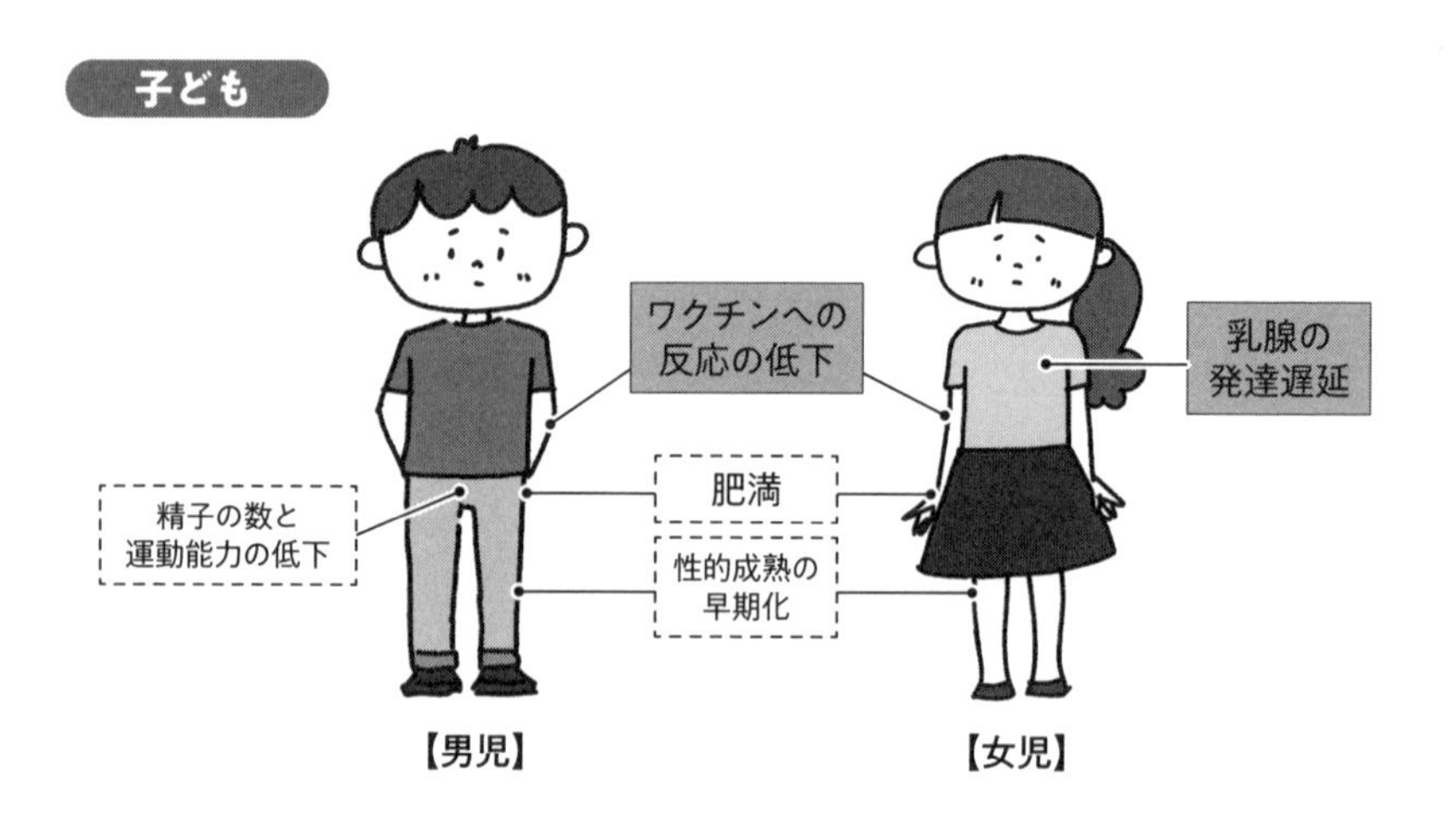

イラスト：チブカマミ、 欧州環境庁によるまとめ、「食べもの通信」（2023 年 8 月号、食べもの通信社）を基に作成

女性はそれぞれ半分の濃度、ＨＢＭ—Ⅱと呼ばれています）。米国アカデミーでは、ピーフォスとピーフォアなど7種の合計値を20ng／mℓとしています（臨床ガイダンス値）。この濃度を超えると脂質異常症、甲状腺疾患、子どもの成長などにリスクが生じる可能性があるということで、摂取量を減らすための対策を行ったり、病気がないか検査することを勧めています。

沖縄での血中濃度調査では３８７人中27人がＨＢＭ—Ⅱの値を超えており、水道水中ピーファス濃度が高かった地域に分ければ1割近くが超えていました。米国アカデミーの臨床ガイダンスとしてはピーエフヘクスエスも含めて合算値での評価になるので過半数の参加者が20ng／mℓを超えていました。東京・多摩地区でも、北多摩を中心にピーファス濃度が高く、調査した７８９人のうち、ドイツのＨＢＭ—Ⅱについて57人、米国アカデミーについては４つのピーファス合計値で３６５人（46％）、ピーフォスとピーフォアの合計値で１３７人（17％）がこの数値を上回っていました（図13）。日本では病院などで個人ごとに血中ピーファス濃度を検査する仕組みが整っていませんが、摂取量の高いことが判明した地域で、このような勧告やガイダンスを参考とした健康調査が求められます。

２０２３年3月、米国環境保護庁は、ピーフォスとピーフォアのそれぞれの飲料水の法的規制が伴う規制値を４ng／ℓとしています。日本の暫定目標値の50ng／ℓと大きな開きがあります。これはヒトでの健康調査も検討して、以前の目標値では健康へのリスクを予防できないと

図 13　東京・多摩地区でのピーファスの血中濃度調査と米国アカデミーのガイダンス値（20ng/mℓ）との比較

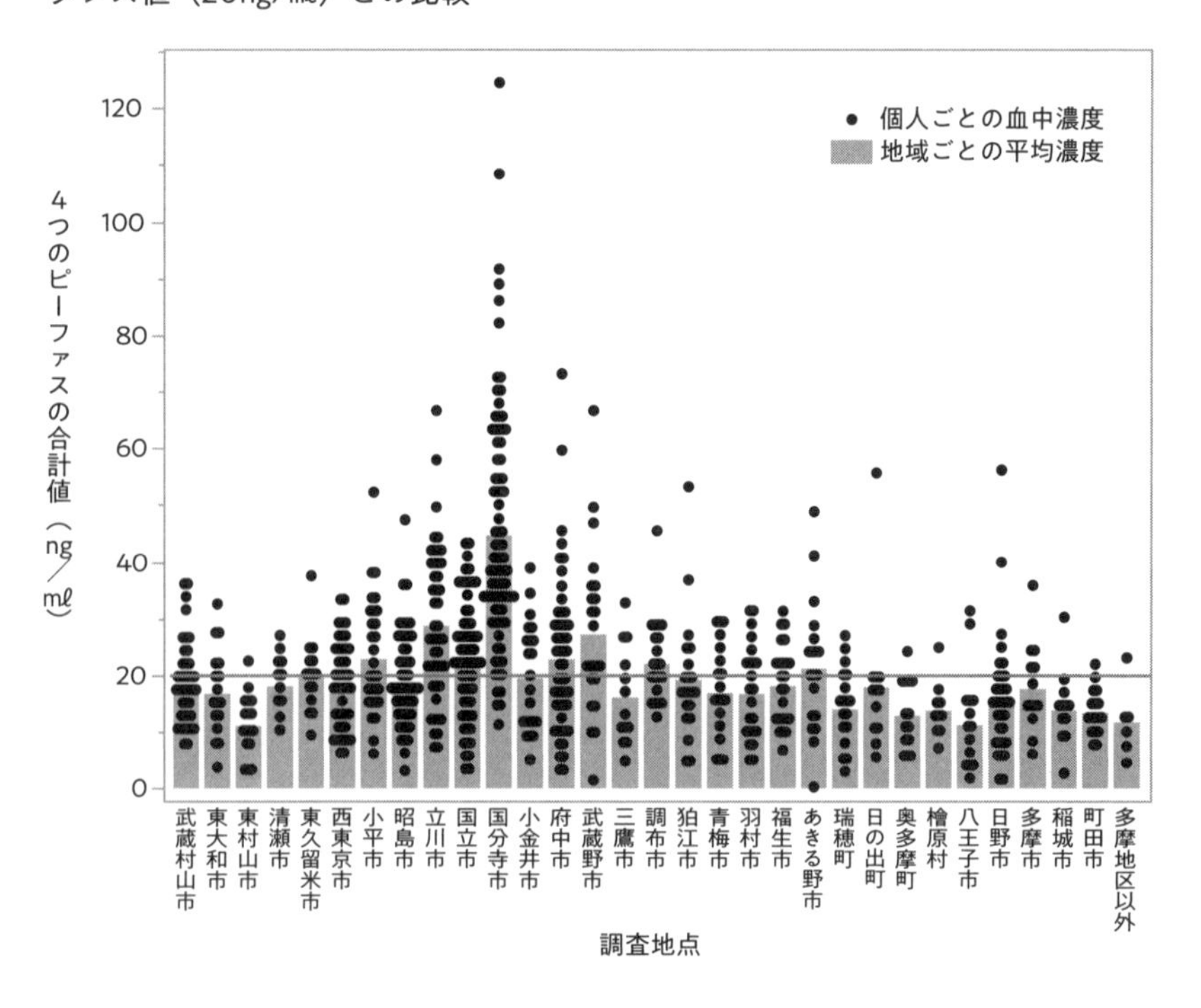

判断して導入されたものです。ドイツやカナダも、ピーフォス、ピーフォア以外のピーファスも含めた上で、20 ng/ℓ、30 ng/ℓを今後導入するとしています。暫定目標値から日本が今後、どのように基準や濃度を設定するかが注目されます。

なお現時点で、日本ではピーフォア、ピーフォスは法的な義務を伴う基準はありません。しかし、今後の検討の中で、水質汚濁防止法などの基準に指定されると、排水基準、土壌汚染対策法などの指定も考えられます。排出のもとになっている事業者に対して、責任が生じることが考えられ、汚染対策を行う必要が出てくると考えられます。今は周辺の河川や地下水の検査にとどまっていますが、ピーファス関連施設の地下水や土壌の汚染が明らかになってきたときにどのように対応していくのか、事業者も行政も考えないといけないでしょう。

第5章　ピーファス問題の今後

汚染対策の課題

水道水、井戸水のピーファス濃度が高かった場合、引き続き飲用水として利用をするかどうかという判断がありますが、そのためには水道水中のピーファス汚染の状況を継続的に調べ、地域ごとに専門家を交えた判断の機会を設けることも一案です。水源の切り替え、浄水場での活性炭処理、学校などの公共施設での浄水器設置など、影響を低減させる手段があります。

またピーファスが高濃度で検出された地域では、ピーフォス、ピーフォア製造の規制、排出対策、水道水の対策などによって、今後、人体の摂取量が低減していくのか、継続して血液などをモニタリングしていくことが不可欠です。沖縄県の北谷浄水場で実施されている粒状活性炭による削減対策がどのような継続的効果を発揮するかということも、生物モニタリングを通じて評価する必要があります。

水道水に加えて、日常生活での曝露を調査することが必要です。問題の周知に努め、衣服やカーペットなどの室内用品、化粧品のように日々の生活で使うものなどはできるだけピーファス不使用の製品を使うようにすることも考えられます。

専門家としての課題ですが、血液中のピーファス濃度は直近数年間の曝露を示すことができますが、過去の汚染状況を十分反映しているわけではありません。ピーフォス、ピーフォアが数十年にわたって使われてきたことを考えると、過去の摂取状況についても調査することが課題になっています。

また前述のとおり、現在、ピーフォス、ピーフォア汚染はいくつかの地域で判明していますが、これまでにピーファスが広く使われてきたことを考えると、当然、全国各地で汚染が生じている可能性を考えなければなりません。ピーファスを使用していた可能性が高い施設の周辺を積極的に調査して、汚染を特定し、対策することが必要です。

ピーエフヘクスエスを含めた対策が必要

ピーファスは4700種類以上の物質があります。ピーフォス、ピーフォアはそのうち使用量が多かったものですが、それ以外の物質もありますし、現在も使用されています。２０１９年、ストックホルム条約ＣＯＰ９で、附属書Ａ（廃絶）のリストにピーフォアと関連物質が追加され、22年には、ピーファスの一つ「ペルフルオロヘキサンスルホン酸（ピーエフヘクスエス）」が追加され、新たに製造、輸入することが規制されます。ピーエフヘクスエスはストックホルム条約で残留性有機汚染物質に指定されていますが、日本では環境水の要調査項目には指定されましたが、水道水質の管理目標値などの指標がありません。

多くの国では、ピーエフヘクスエスはピーフォス、ピーフォアと同等の対策を取られていて、日本でもピーエフヘクスエスを含めた評価、管理が必要です。乳幼児の発達影響などが懸念されており、高曝露集団では有害影響の有無を調査していくことが重要になっています。

遺憾ながら、ピーフォス、ピーフォア、ピーエフヘクスエスは以外のピーファスについては、環境中の残留、ヒトへの曝露、健康影響について不明な点が多いままです。汚染源と推定される場所の水汚染調査、住民の血液調査などを進めていく一方で、ピーファス全体の管理に視点を広げていく必要性があります。

土壌汚染対策法の導入を

日本ではピーファスの土壌汚染の状態が不明のままに放置されています。しかし、日本の法律には「土壌汚染対策法」という、運用次第では強力な法律があります。土壌汚染により汚染された水を飲料水として飲むリスクの低減、人の健康被害の防止のため、国が土地の所有者や管理者、あるいは占有者に汚染の除去を命じることができる法律です。

米国には、汚染対策法として「スーパーファンド法（Superfund Act）」があり、「包括的環境対策・補償・責任法（ＣＥＲＣＬＡ）」と「スーパーファンド修正および再授権法（ＳＡＲＡ）」の２つの法律がセットになっています。汚染調査や浄化は米国環境保護庁が行い、汚染責任者を特定するまでの間、浄化費用などは石油税などで創設した信託基金（スーパーファンド）から支出するしくみになっています。２０２４年４月にピーフォアとピーフォスも対象物質に指定されました。日本の「土壌汚染対策法」も本気になって運用すれば、ピーファスの土壌汚染対策に大きな力を発揮するはずです。

また将来的な適用を考えて、土地の所有者が取り組みを進めることも期待したいです。日米安保条約に関わる地位協定の制約もあり、困難な課題ではありますが、日本の法律で明確に位置づけることは、在日米軍に対しても、対応を求めるための根拠となると考えられます。

ようやく対策強化に動く日本

日本では2023年1月に入って、ピーファス対策強化を視野に入れた議論がようやく始まりました。厚生労働省、環境省の合同会議では、今後の水質目標値の再検討が行われ、一度は据え置きになったものの、検討する姿勢が示されました。その根拠となるリスク評価に内閣府食品安全委員会が着手し、その結果が23年度に出され、それに基づいて改定が行われる可能性があります。23年2月にはピーフォスとピーフォアが水質汚染防止法の指定物資となりました。23年8月には土壌中のピーファス分析の方法が環境省から自治体に通知されました。

私も参加している環境省による「PFASに対する総合戦略検討専門家会議」では、ピーフォス、ピーフォア以外のピーファスの取り扱い、汚染実態の調査の強化を提言し、24年度予算への要求が出されました。これが十分かは議論がありますし、行政、自治体の取り組みについて市民の目を向けて、声をあげていくことが必要です。

今後も、新たな汚染地域が見つかっていくと思います。ピーファス問題というのは、ピーフォス、ピーフォアの製造廃止で終わったのではなく、始まったばかりなのです。

第2部

ピーファス汚染に立ち向かう

1　嘉手納・普天間基地周辺での地下水汚染
——子どもたちの未来に美ら(ちゅ)水を取り戻したい

町田直美　有機フッ素化合物（ＰＦＡＳ）汚染から市民の生命を守る連絡会 代表

県民45万人の命の水が汚された

２０１６年、沖縄本島中部にある北谷浄水場の水道水がピーファスに高濃度で汚染されていることがわかりました。この浄水場から、那覇市の一部、沖縄市、浦添市、宜野湾市、北谷町、中城村、北中城村に水道水として送水され、およそ45万人の住民が使っています。沖縄県企業局による水質調査の結果、取水源の一つである倉敷ダムに流れ込む嘉手納基地周辺の井戸や川の汚染がひどいことがわかり、基地で訓練に使用する泡消火剤が原因だろうと推測しました。北谷浄水場の供給先である7市町村の市民を中心に勉強会を始め、コロナ禍で何度も延期しながら、やっと20年「有機フッ素化合物（ＰＦＡＳ）汚染から市民の生命を守る連絡会」が立ち上がりました。

その後、嘉手納基地だけでなく、宜野湾市の普天間基地周辺の湧水汚染も発覚し「宜野湾ちゅら水会」も活動を始めました。宜野湾市は嘉手納や金武町同様、昔から水の豊富な地域で、戦前はポンプなしで那覇へ水道水として送水していたそうです。また湧き水を利用して作る田芋は、宜野湾市大山地域の特産品として盆や正月、その他地域の祭祀行事には欠かせない作物です。その田芋畑が汚染され農家は風評被害を受け、地元の誇りであった美しい田芋畑は今埋立の危機に瀕しています。

保育園、小学校……子どもたちの安全を脅かす

2020年、普天間基地内で海兵隊員たちがバーベキューをしていたところ誤作動によって泡消火剤が放出され、基地外の牧港(まきみなと)川沿いや近くの公園や保育園にぷかぷかと浮いて落ちてきました。「白い泡は危険なのでさわらないように」という放送が各公民館から町中に鳴り響き、地域の住民たちは騒然となりました。

21年には、普天間基地の消火訓練施設から2万7000ng／ℓのピーフォスと1800ng／ℓのピーフォアが検出されたことが米国の情報公開で発覚しました。基地とフェンスを隔てた

丘の下に小学校があり、驚異的に高濃度のピーファスを検出した消火訓練施設とこの小学校は250メートルという至近距離にあります。

小学校の運動場は、10年前まで基地の雨水が流れ込み、大雨のたびに水浸しになっていました。私たちは小学校の汚染を調べるよう市に要請しましたが、土壌の基準がないことを理由に行政は動きません。そこで、ちゅら水会が独自に運動場の調査をした結果、現在の日本の規制値（50ng／ℓ）の34倍に当たる1700ng／ℓの土壌汚染が判明しました。

この学校は17年に普天間基地のヘリが運動場上空を訓練飛行中に8キロのヘリの窓枠を授業中の運動場に落とし、騒然となった小学校です。その時、土埃で前の見えない状態の中、「逃げて！」と教師が叫び続ける様子に「戦争が来たと思い走り続けた」と事故から何年も経ってから子どもたちは証言しています。

安全であるべき学校の空には今も低空飛行のヘリが飛び交い、運動場はピーファスに汚染されているのにもかかわらず、何の対策もなく2年近く放置されているということが許されるのでしょうか？　そこは私の孫が通う小学校なのです。入学前に汚染が発覚したのに2年生の夏休みを終えた今まで何の対策も取られてないことに、日々成長して行く子どもを守るべき大人の責任として悔しさが込み上げてきます。

筆者らは国連で開かれた先住民族の権利に関する専門家機構（EMRIP）の会合に出席し、軍事基地による環境破壊で、沖縄の美しい自然や環境は破壊され、市民は健康に生きるための水や食を汚され、静かな環境を奪われ子どもたちの未来まで脅かされている現状を報告しました。

国連での訴え

10万の市民が暮らす街の真ん中に位置する普天間基地は、私たちの身体的、精神的健康を常に脅かし、また土地、水、その他農作物や水産資源の権利と未来の世代に対するその責任を保持する権利を侵害し続けています。

沖縄では、地獄のありったけを見たと言われる地上戦が繰り広げられ、24万人の命を奪われ、自然、文化を破壊され、米国に土地を奪われました。そして今、大好きなこの地で子どもたちを育て住み続けたいという権利が、命の水を汚染されて脅かされています。私たちは真っ先に汚染源特定のための基地内立ち入り調査を防衛局に求めています。しかし、日米地位協定が盾となり日本政府は及び腰で米軍は

2021 年 9 月以来毎週土曜日の夕方５～６時には市役所前の道路に立ちピーファス汚染を知らせ、私たちの当たり前の人権が侵されている状況を訴え続けている。

やりたい放題です。

２０２３年７月、私たちはスイス・ジュネーブへ行き、国連の会議で汚染源の特定のために基地内への立ち入り調査を防衛局を通して米軍に認めるよう強く要求しました。また日本国は基地提供者として、環境汚染の責任を米軍に強く求めるよう要請し、未来をつくる子どもたちの命の水を返してくださいと訴えました。

武器を持ち爆弾を使い続ける基地が、平和を維持するために必要だと私たちは到底思えません。米軍は、現在はピーファス入りの泡消火剤を使っていないと証言しています。しかし、湧水の汚染濃度は下がるどころか上がったりしている現状もあり、22年には基地につながるマンホールから泡が噴き出し、垂れ流しているのではないかとの疑念もあり調べています。

ちゅら水会は22年の市議会選挙で1人の現職を含め4人の議員候補を出し、全員当選しました。そのうち2人は女性議員です。議会でもピーファス汚染の質問が増え、前回の議会では半数の議員がピーファス汚染について質問し、全会一致で基地内立ち入り調査を国に要請しています。

私たちは、この沖縄の地で暮らし続けていきたい、ただそれだけを望んでいるのです。命の水をこの島の子どもたちの未来のために取り戻したいだけなのです。

◆町田直美（まちだ・なおみ）
有機フッ素化合物（ＰＦＡＳ）汚染から市民の生命を守る連絡会代表、宜野湾ちゅら水会共同代表。沖縄県宜野湾市の普天間基地の近くでカフェ「ズムズム」を営む。「沖縄『平和の礎』名前を読み上げる集い」実行委員長など。

＊本稿は、『食べもの通信』（２０２３年８月号）掲載のインタビュー記事をもとに加筆、再編集したものです。

2 東京・多摩の地下水汚染と血液検査から緊急対策を求める

根木山幸夫　多摩地域の有機フッ素化合物（ＰＦＡＳ）汚染を明らかにする会 共同代表

多摩の地下水は〝地域の宝〟

東京都水道局の多摩地域の浄水所（約１００カ所）は井戸水源を水道水に使用しています（一部停止中もあり、部分的に河川水を使用）。また水道水に使う汲み上げ井戸とは別に、民間で使用されている飲用井戸も１０３７あります（都の文書回答）。

23特別区の水道水は荒川や多摩川の水を使用していますが、多摩の水道水は地下水に大きく依存しています。多摩地域では地下水を使用している会社（醸造・食品製造業など）や学校・病院なども数多くあります。近世から現在まで長く飲み水に使ってきた歴史もあり、「地下水は冷たくておいしい」と地域住民は誇りにしています。

多摩の地下水がピーファス汚染

環境省発表の地下水の全国調査（２０１９〜21年度）で国暫定基準値を超えた地点は、多摩地域では25地点あり、高い順に立川（基準値の12・８倍）、調布、府中、狛江、国分寺、青梅、日野、国立、小金井、西東京、武蔵野の各市でした（同じ市で複数の測定地点）。これらは横田基地の北部にある青梅市を除いて、すべて基地の南東部に位置しています。

また東京都が立川市の井戸で継続的に行った地下水調査（15〜21年）でも、国暫定基準値を大幅に超える汚染が続いています。

地下水の汚染源について、小泉昭夫京都大学名誉教授は共著『永遠の化学物質――水のＰＦＡＳ汚染』（岩波ブックレット）で次のように指摘しています（要旨）。

〈小泉氏らが２００２年に実施した多摩川の河口から上流部かけた河川水の調査、都環境科学研究所が08年に実施した横田基地と同北部の半導体関連工場、同東部の自動車工場から下水道への排水調査、同研究所が10年に実施した立川・府中・国立などで高い汚染を検出した地下水調査、都が19年に実施した横田基地近くの４カ所の井戸調査（立川の井戸は高濃度だった）から見て、汚染源は断定できないが、地理的な近さから横田基地の地下水汚染への寄与の可能

横田基地の消火訓練場に置かれた模擬航空機（2020年2月、筆者撮影）

性はきわめて高い。〉

米軍横田基地による汚染の事実

米軍横田基地にはベトナム戦争当時から消火訓練場がつくられ、泡消火剤を使った訓練を定期的に実施してきました（写真）。最近も2018、21、22年と空軍演習の一環として横田基地で消火訓練を行っています。ピーフォスを含む泡消火剤は大量に放出され、空気中に拡散し（20〜30キロ飛散）、周辺土壌中に浸み込み、長年にわたり地下水に浸み出すことが知られています。

また横田基地で膨大な量の泡消火剤漏出事故が繰り返し起きていたことが、ジャーナリストのジョン・ミッチェル氏の米国情報公開文書をもとにした報道で明らかになっています。〈2010〜17年に泡消火剤が計3161リットル漏出、12年には3028リットルが貯蔵タンクから土壌に漏出。しかし漏出は日本側に通報されなかった〉（要旨、「沖縄タイムス」2018年12月10日）。

さらに基地内の飲料水は基地内の井戸から汲み上げて使用していますが、米軍は飲料水品質年次報告書で飲料水が汚染されている事実を明らかにしています（2016、17、20、21年の検査結果では米国環境保護庁の当時の基準の半分以下の値だったと報告）。

水道水汚染の事実から血液調査が必要

都水道局は2020年初めに、府中武蔵台浄水所と東恋ヶ窪浄水所（国分寺市）の浄水が長年にわたって高濃度に汚染されていたこと（11〜19年、国の暫定目標値の2〜3倍）を公表するとともに、ホームページで「（現在はすべての浄水所で）暫定目標値を下回っており、問題ありませんので、ご安心ください」と告知しました。

しかし、多くの浄水所で汚染された水道水を長年飲んできた住民の体内にどれだけ汚染が蓄積しているのか、それが健康被害リスクにどうつながるのかについては触れていません。そこで私たちの会は、独自に住民の血中濃度を測定し、汚染の事実を明らかにする調査を始めました。

深刻な血液検査結果

２０２２年11月～23年6月に実施した住民７９１人（30自治体）の血液検査結果について、分析を担当された原田浩二京都大学准教授がまとめた報告から主な特徴点を紹介します。

①測定した13種類のピーファスのうち、濃度が高いおもな4種類（ピーフォス、ピーフォアなど）の血中濃度の合計値で見ると、７９１人中３６５人（46％）の人が米国アカデミーのガイダンスの指標値を上回っていました。この指標値は、臨床医が脂質代謝異常や甲状腺ホルモン、腎がん、潰瘍性大腸炎などの精密検査を勧めるべきという内容です。

②4種類の合計値を自治体別にみた場合、指標値を超えた人の割合が高い自治体は、国分寺市85人中79人（93％）、立川市47人中35人（74％）など深刻な結果でした。

③ピーフォスとピーフォアの2つの血中濃度の合計値でみると、全体で１３７人（17％）が指標値を上回り、国分寺市で85人中45人（53％）、立川市で47人中21人（45％）が上回るという結果でした。

会としては、検査を受けた７９１人を対象にした医療的なケアの必要性から、地域医療関係者の協力のもとに相談外来を開設しています。

国・都に緊急対策を求める

安全な水を求めて、以下の緊急対策を国・都に求めていきます。

○都は汚染のある浄水所に粒状活性炭を使った浄化槽を設置し、除染してください。
○国・都は行政の責任で住民に対する血液検査を実施してください。
○国・都は地下水の汚染源を特定すべく、ボーリング土壌調査を実施してください。
○国・都は横田基地への立ち入り調査を求め、実施してください。

◆根木山幸夫（ねぎやま・ゆきお）
1947年生まれ・東京都日野市在住。書籍と月刊雑誌の編集を35年務め、その後フリーの出版企画編集コーディネータとして5年活動。2020年からPFAS汚染の学習運動を始め、現在「多摩地域の有機フッ素化合物（PFAS）汚染を明らかにする会」共同代表・事務局の一員。

3　愛知県豊山町の水道水汚染——血液検査から汚染源の特定へ

坪井由実　豊山町民の生活と健康を守る会 共同代表

地下水が基準値の3・5倍も汚染されていた

２０２１年３月、私の住む愛知県豊山町の１００％地下水を利用した配水場から、有機フッ素化合物が原水で１７５ng／ℓ、浄水で１５０ng／ℓ検出されました。即刻、地下水の汲み上げを中止したのは当然ですが、それまで、おそらく20年以上にわたり汚染された地下水を飲み続けてきた住民の健康への影響はどうなのかと心配する声が続々と上がり、私たちは３８７筆の署名をもって町や県と話しあい、対策を迫りました。

しかし、行政は「直接健康被害の報告はまだない」と動こうとしません。そこで、「豊山町民の生活と健康を守る会」（以下「豊山町生健会」）では、沖縄や東京多摩地域の取り組みに学びながら、また京都大学の小泉昭夫先生（名誉教授）や原田浩二先生、愛知民主医療機関連合会（以下「愛知民医連」）の協力を得て、２０２３年６月に血液検査を実施しました。その結

表1 豊山町・北名古屋市の血液検査結果（2023年6月17日検査実施）

地域	4種合計 (PFOS+PFOA+PFHxS+PFNA)
豊場地区（37名）	23.9ng/mℓ
今回の検査全員（54名）	21.2ng/mℓ
北名古屋市（師勝地区）（5名）	19.5ng/mℓ
青山地区（12名）	13.4ng/mℓ
環境省2021年調査	8.7ng/mℓ

北名古屋水道企業団には3つの配水場があります。豊山配水場は豊場地区に給水していましたが停止後は、師勝配水場より給水されています。師勝配水場は、汚染された地下水（2023年8月調査では原水は2種で100ng/ℓ）を木曽川の県水と混ぜ、5ng/ℓ未満に薄め配水。青山地区は、中央配水場より給水されています。中央配水場の井戸水の原水は5ng/ℓ未満で、木曽川の県水と混ぜ配水されています。今回、師勝地区の5名が高い値になった理由は不明。（補足説明：豊山生健会）

果、血液検査に協力した54人の住民のうち、半数近くの25人から健康リスクに関する米指標を超える数値が検出されたのです（表1、図1）。

ピーファスによる健康への影響は、原田先生の報告に詳述されている通りですが（第4章）、血液検査によって、自分がどれだけピーファスに曝露しているかを知れるだけでなく、疫学調査研究に協力することで、後述する「ピーファス相談外来」の開設に結びつきました。

汚染源は自衛隊の消火訓練——ピットファイヤー訓練場

2023年8～9月はじめ、私たちは、泡

図1　豊山町・北名古屋市の血液検査結果

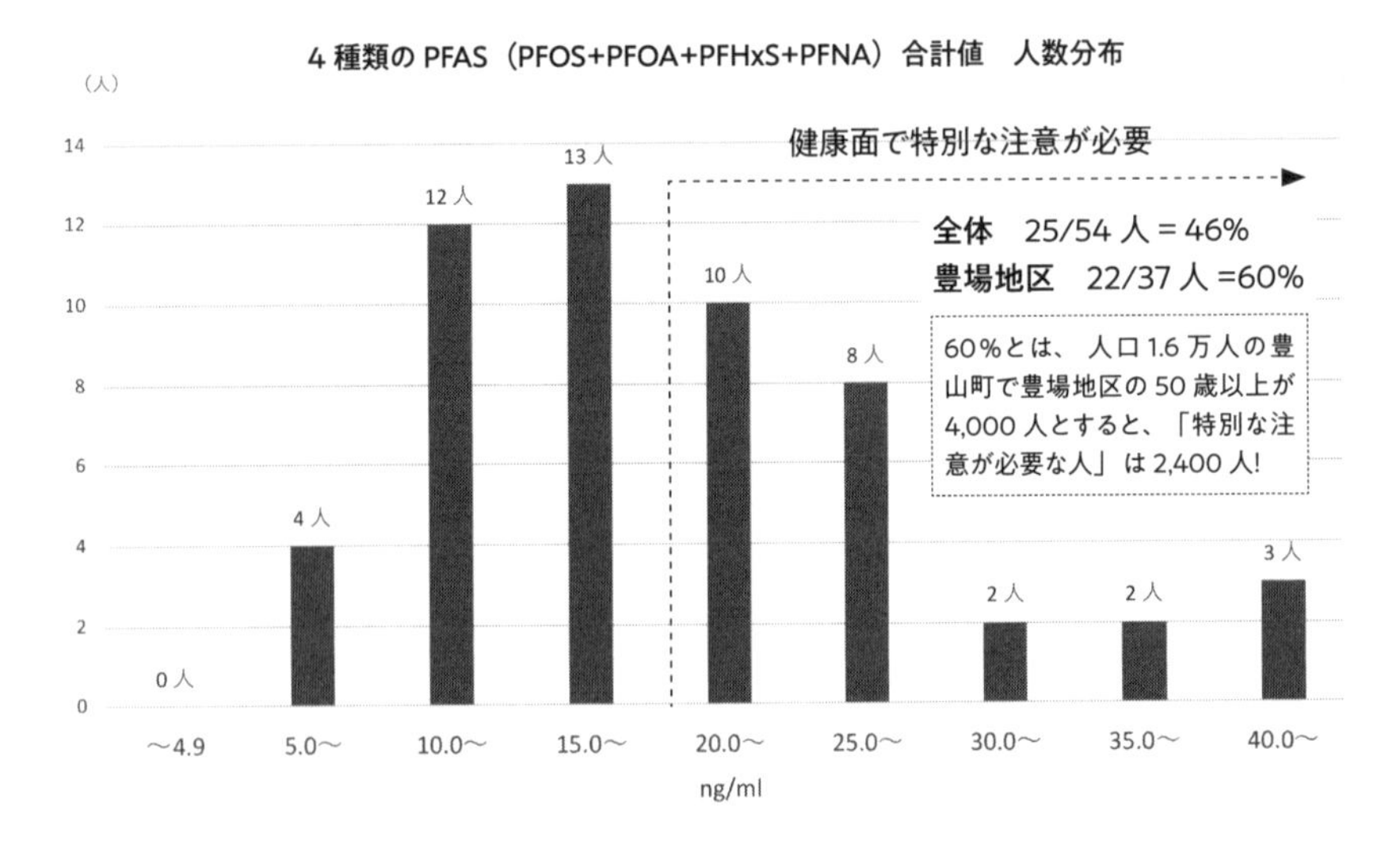

消火剤を使った自衛隊の消火訓練場が汚染源であると仮説をたて、滑走路の小牧市寄りにある消火訓練場周辺の井戸水と河川のうち30カ所ほどでピーファス汚染状況を、原田先生の協力を得て調査しました。

　調査結果は表2に示した通りですが、調査結果の数値を見てまず驚いたのは、豊山町内の井戸水の最高値が620ng／ℓもあったこと。なぜ桁違いに高い汚染地点が発生したのか、その構造は不明ですが、まさに「ホットスポット」といえる地点が出現していることがわかったのです。

　こうして私たちは、汚染源は自衛隊が使用していた泡消火剤であり、小牧基地のピットファイヤー消火訓練場であると確信するに至ったのです（図2）。まだ証拠不十分とい

表2　豊山町周辺の井戸水調査（網掛は 50ng ／ ℓ 以上の地点）単位：ng ／ ℓ

採水地点とその数	PFOS 平均	PFOA 平均	2種平均
❶豊山町青山地区 3か所	112.4	11.2	123.6
❷豊山町豊場地区 3か所	26.1	6.8	32.9
❸北名古屋市内（青山寄り）2か所	54.5	14.4	68.9
❹地下水の「上流」春日井市内小牧基地から1~2km 地点 2カ所	7.7	8.5	16.2
❺【参考】ホットスポット（豊場地区）	591.1	28.1	619.2
❻中華航空機墜落現場付近（春日井市）	35.6	17.0	52.6

注：豊場地区平均から❺を、春日井市の平均から❻をそれぞれ除いた。

図2　豊山町周辺の井戸水調査 12 地点と市・地区別 PFAS 汚染濃度
（2023 年 8 ～ 9 月 豊山生健会調査）

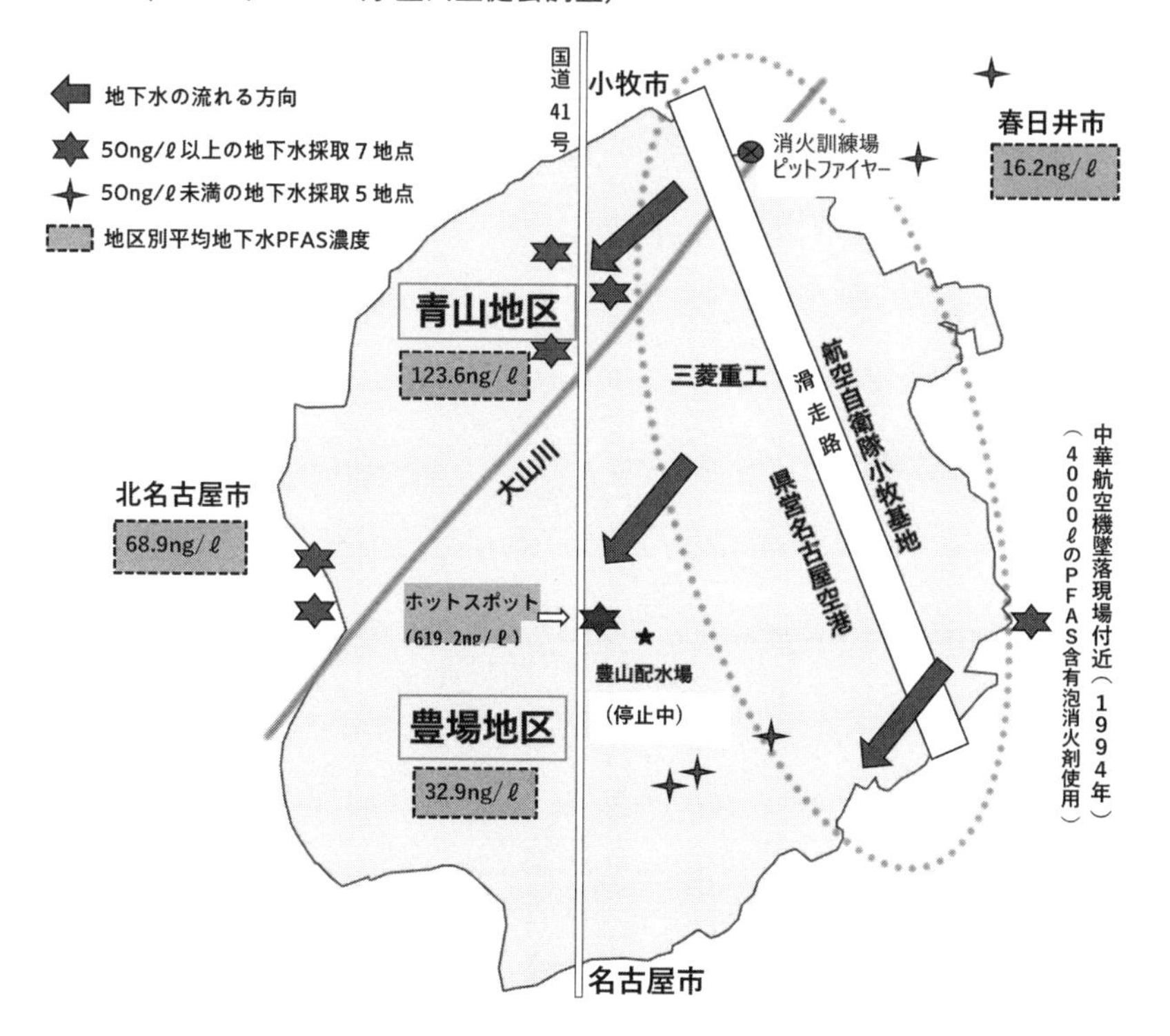

うのであれば、愛知県が小牧基地に立ち入り調査して、消火訓練場周辺の土壌汚染を調べるべきです。

汚染者は自衛隊だけではありません。滑走路は、航空自衛隊小牧基地のほか、県営名古屋空港さらには三菱重工航空宇宙システムにおけるステルス戦闘機等の組立後の飛行（試験飛行は各務原飛行場）、修理・洗浄目的で飛来する戦闘機等が利用しています。これらの飛行機火災事故対応を自衛隊がまかされているという構造になっていて、年に何回も、早朝4時～8時ごろ、練習場で消火訓練を行っているのです（写真）。つまり、汚染の責任は、国（自衛隊）、愛知県（県営名古屋空港）、三菱重工の3事業所にあると私たちは考えています。

小牧基地での消火訓練
（2023年9月22日　共同代表 野崎八十治撮影）

豊山町生健会は、これらの事業所に懇談を申し入れ、汚染源究明と汚染源を断つ取り組みに協力を要請しているところです。

大村愛知県知事は、調査を検討することもなく、「ピーファスはいろんなところで使われており豊山配水場の汚染源の特定は難しい」と述べています。沖縄県のように、独自判断で土壌汚染を本格的に調査している自治体もあり、逃げ腰な対応は地域の安全や市民の健康を保障すべき行政の責任放棄といえるのではないでしょうか。現在の土壌汚染対策法では、ピーフォスやピーフォアは特定有害物質に指定されておらず、汚染源調査義務もないし、汚染者負担原則も適用できません。憲法を暮らしに生かし、「地方自治」に基づき、私たちのいのちと健康を守るため、自治体（豊山町、愛知県）が、住民の不安に寄り添った汚染対策を進めることを強く望んでいます。

住民の不安に寄り添う「ピーファス相談外来」の開設

身近な自治体が動かなければ自分たちで動くしかないと、さしあたり、住民のちからで大学（法人）や医療（法人）の力を借りて、住民の不安に寄り添い診療してもらえる「ピーファス相談外来」の開設をめざすことにしました。

「無差別・平等の医療と福祉の実現をめざす」愛知民医連の全面的支援のもと、２０２３年9月12日より、愛知民医連傘下の北病院（名古屋市北区）と千秋病院（一宮市）で、「ピーファス相談外来」を開設していただきました。

ピーファスに曝露した住民は、ピーファスを正しく恐れつつ、健康被害を予防するための半年ないし1年ごとの定期検査（腎がんエコー、甲状腺エコーなど）の計画を立て、検診、治療していただけることになり、だいぶ安心して生活できるようになっています。

◆坪井由実（つぼい・よしみ）
豊山町民の生活と健康を守る会共同代表。豊山町で、300年以上続く農家に生まれる。元大学教員で愛知県立大学、北海道大学の名誉教授。専門は教育行政学。現在は、「『開かれた学校づくり』全国連絡会」の企画運営委員長、「東海地区『子ども条例』ネットワーク」会長。

4 大阪府摂津市から、大企業の世界的汚染に声を上げる

増永わき　ＰＦＯＡ汚染問題を考える会

名前を出さないマスコミ

２０２３年４月10日、ＮＨＫの「クローズアップ現代　追跡〝ＰＦＡＳ汚染〟暮らしに迫る化学物質」という番組で、日本地図上に全国の主な汚染を棒グラフで示す画像が映し出されました。その中で突出していたのが大阪府摂津市でした。

番組では大阪府の調査で国の暫定目標値（ピーフォア・ピーフォス合計で50ng／ℓ）の４２０倍（２万１０００ng／ℓ。ほぼピーフォア）が地下水から検出されたこと、摂津市に立地する大手空調機器メーカーであるダイキン工業株式会社の淀川製作所が主な汚染源と考えられていることも報道しました。流れて消えるニュースではなく後々も視聴が可能な全国ネットの特集番組で「摂津市」「ダイキン」と名称を明らかにして報道されたことは大きいと感じています。「工場」「化学メーカー」ではなく、主たる汚染源である「ダイキン」の名前がマスコ

ミで報じられるまで約3年の歳月がかかりました。今も「排出責任」を問うマスコミはほとんどありません。

大企業を庇う行政

2020年6月、水の環境基準にかかわる暫定目標値の設定に伴い環境省が行った全国の地下水等の調査結果を毎日新聞が報じました。その記事によって、摂津市民は我が街のピーフォア汚染が全国一高濃度であることを知りました。驚いた市民は摂津市に問い合わせましたが、市はすぐに「地下水は高濃度だが飲用には使用しておらず、水道水は安全」「汚染源はわからない」と説明しました。しかし、不安を感じたダイキン周辺の住民は自ら専門家を探し出し、畑の土壌・井戸水・農作物・自身の血液を検査すると、そのすべてから高濃度のピーフォアが検出されました。なんと、血液中の濃度は非汚染地域の70倍でした。地下水を飲んでいなくても大変な影響が出ていることが判明したのです。ところが市は全く動こうとしません。

実はピーフォア汚染はすでに、07年から大阪府議会で問題になり、汚染源はダイキンであることもわかっていました。府は09年から毎年、摂津市とダイキンで「神崎川水域PFOA対策連絡会議」なるものを秘密裏に開いていましたが、20年の新聞報道によって汚染問題が再浮上

表３　大阪府によるダイキン周辺の地下水水質調査結果

（2020年調査）		
摂津市一津屋1	PFOA　22,000	PFOS+PFOA　22,000
摂津市一津屋2	PFOA　6,800	PFOS+PFOA　6,800
（2021年調査）		
摂津市一津屋1	PFOA　30,000	PFOS+PFOA　30,000
摂津市一津屋2	PFOA　10,000	PFOS+PFOA　10,000

（単位は ng/ℓ。大阪府 HP より）

し、会議の存在が知られるようになったのです。取り寄せた会議録の内容は驚くべきものでした。そこにはダイキンの大量汚染の実態とともに大企業を庇う行政の対応が至る所に記述されていました。その中には「市民の問い合わせに『汚染源はわからない』と答えた」とダイキンに報告する市の発言も記録されていたのです。会議は、市民の命と健康よりも大企業の利益を守る「対策連絡会議」だったのです。

ダイキンはデュポン等と並ぶピーフォア製造の世界八大メーカーの一つであり、１９６０年台後半から摂津市にある淀川製作所において大量の製造・使用と大気や水路・河川への大量排出を続けてきました。２００３年の京都大学チームの調査では、安威川から世界最悪レベルの６万７０００ng／ℓが検出されています（31ページ図３）。大量のピーフォアは安威川から神崎川を通じて大阪湾へ流れ込み、逆流して淀川からも１４０ng／ℓ検出、淀川から取水する水道水も当時は汚染されていました。ダイキンが製造・使用をやめた12年から10年以上が経った現在も近隣の地下水から2万ng／ℓを超える汚染が検出され、現在の水道水濃度は標準でも、長く暮らす住民の血液からは非汚染地域の約3倍のピーフォアが検出されています。

市民の声で動かす

ダイキンも大企業を庇う行政も、「製造・使用は過去のこと。現在の飲み水は基準以下だから問題ない」という立場ですが、長年排出されたピーフォアは住民の体内に今もあり、その不安は消えません。そして、ホルモンや遺伝子に影響するとの指摘があるこの物質が、今まで産まれてきた子どもたち、これから産まれてくる子どもたちや孫たちにどのような影響を及ぼしていくのかを問うのは私たちの役割です。ピーフォア汚染は過去のことではなく、未来の世代につながる問題です。汚染の責任者を見逃すわけにはいきません。

私たち市民は「ＰＦＯＡ汚染問題を考える会」を２０２１年に立ち上げ、23年2、3月には大阪府と摂津市にそれぞれ1万５０００筆超のインターネット署名を、環境省とダイキンには、約2万５０００筆をそれぞれに提出し、記者会見も行う中で、マスコミもようやく「ダイ

表４　摂津市住民の血液検査の結果

●地下水・水路の水で野菜作りをしている摂津市住民の検査結果
（2021 年 10 月 23 日調査）

平均　　PFOA　74.8　　PFOS+PFOA　89.1

住民	A	B	C	D	E	F	G	H	I
PFOS	7.5	33.3	31.8	9.3	22.1	6.4	2.1	12.6	4.0
PFOA	17.3	140.9	79.7	190.7	81.8	18.2	32.1	103.4	9.0
PFOS+PFOA	24.8	174.2	111.5	200.0	104.0	24.6	34.2	116.0	13.0

(単位はすべて ng/mℓ)

● 18 年以上ダイキン周辺に住み、 野菜作りをしていない住民の検査結果
（2022 年6月5日調査）

平均　　PFOA　8.20　　PFOS+PFOA　13.76

住民	30 代	60 代	70 代	70 代	40 代	80 代	70 代	50 代	70 代	70 代	70 代
PFOS	1.38	3.72	12.37	4.26	2.43	10.65	2.73	4.26	11.11	4.44	3.80
PFOA	2.02	3.31	15.89	6.63	3.98	11.79	6.57	5.03	13.02	17.15	4.82
PFOS+PFOA	3.40	7.03	28.27	10.89	6.41	22.44	9.30	9.28	24.13	21.59	8.62

(単位はすべて ng/mℓ)

＊飲用水汚染が指摘される東京・多摩地域 (2022 年調査) の平均値は PFOA　5.9、PFOS+PFOA　20.5
【国分寺市ほか 87 名（中間報告)】

＊非汚染地域（沖縄県南城市 2019 年調査）の平均値は PFOA　2.7、 PFOS+PFOA　9.3

キン」の名称を出すようになりました。7月、国連の「ビジネスと人権」作業部会の大阪での聞き取りに参加、国連作業部会は8月の記者会見でピーファス問題について「汚染者負担原則に従い、責任は事業者にある」と明言しました。環境省が汚染地域での血液検査・健康影響調査に背を向けながら、「ピーファスによる健康被害は確認されていない」と言い放つことへの怒りをバネに、私たちは「大阪PFAS汚染と健康を考える会」という新たな団体を立ち上げました。京都大学の協力を得て、医療関係者のみなさんとともに、大阪府下全域での大規模な血液検査を市民の力で実現しようと運動を広げています。

2023年3月8日に市民から寄せられた署名を環境省に提出した（左端が筆者）。

◆増永わき（ますなが・わき）
1959年大阪市生まれ。関西大学（2部）卒業。学童保育指導員、民主商工会事務局を経て、2013年より摂津市議会議員（3期）。摂津市民の団体「PFOA汚染問題を考える会」所属。「大阪PFAS汚染と健康を考える会」運営委員。

5　命の水を守るために、いま私たちができること

ピーファスによる飲料水の汚染の原因が、有機フッ素化合物を使った製品、フッ素樹脂製造の工場、泡消火剤を保管・使用する施設や米軍基地などからの排出にあることが各地からの報告で明らかになってきています。従来の日本国内のいわゆる公害と言われた環境汚染、人体汚染とは様相を異にしています。その点を見据えた対策を考えていく必要があります。

①水道水の汚染状況を知る

自治体では水道水のピーファス汚染状況を調査しています。地域の水道水の状況について、水道局に問い合わせるか、ホームページで確認をしましょう（東京都では配水栓や水源井戸ごとに、詳しい検査結果をホームページで公表しています）。

②ピーファス汚染の相談窓口を利用

東京都保健医療局では、ピーファス汚染の健康相談の窓口を設け、保健師など専門知識を持っ

た都の職員が対応しています。【電話番号０３－５９８９－１７７２】（ただし「現在は水道水濃度が低い」と回答するだけという状況も聞きます）

また東京・多摩地区や愛知県では、市民団体などが進めている血液検査の参加者の健康不安に対応できるよう、専門医による健康相談窓口を設置しています。

③水環境の汚染実態を知る

問題になる発生源（製造工場など）がある地域では周辺の測定を自治体に要請しましょう。

④農産物の測定

農林水産省は土壌や地下水からの農産物へのピーファスの汚染について、２０２３年から本格的な調査研究に着手しています。汚染が発覚した地域では調査が行われていますが、汚染が懸念される地域では調査実施を自治体に要請しましょう。

⑤取水源の対策を要請する

現在の暫定目標値である50ng／ℓ以下の地下水、河川水は、水源として汲み上げられ供給されている浄水施設もあります。50ng／ℓ以下でも高めの場合、米国環境保護庁の飲料水の目標値4ng／ℓに準じて対策を要請しましょう。

⑥浄水方法の改善

沖縄の例などで、ピーファスの低減には粒状活性炭が有効とされています。汚染が懸念される浄水場では、活性炭による高度浄水処理の採用を自治体に要望しましょう。

⑦浄水器の設置

浄水器を使用する家庭では血液中のピーファス濃度が低いことが、沖縄や東京・多摩地域の調査で報告されています。もし、住んでいる地域の水道水にピーファスが検出されているなら、活性炭などを使った浄水器でピーファスを一定程度除去できると考えられます。ただし、消費者の不安に付け込んで法外な高額商品を売りつけるケースがあります。安価なものでも効果は期待できますし、カートリッジの交換を定期的に行うことが効果的です。また消費者センターなどに相談しましょう。また公共施設や学校でも、浄水器を採用している例があります（岐阜県各務原市、東京農工大学など）。

⑧ピーファス含有の製品は避ける

生活のさまざまな場面でピーファスを使用した製品が使われています。疑問に思ったら商品に明示されている製造メーカーに問い合わせてください。消費者が商品に関心を持ち、疑問がある場合、メーカーに問い合わせることが望ましくない商品を駆逐していく有効な手段です。

⑨日本のフッ素樹脂メーカーの情報を確認する

左の表5は、日本の主要なフッ素樹脂、フッ素化学メーカーです。それぞれの企業や工場では、どんなものを製造しているのか、どんな設備をもっているかなど情報公開しているところもあります。また、ダイキン工業淀川製作所周辺の河川、地下水から高濃度のピーファスが検出されたことを紹介しましたが、ピーファス問題への対応や取り組みなどを情報公開している企業もあるのでチェックされることをお勧めします。

日本のフッ素化学メーカーによる業界団体「日本フルオロケミカルプロダクト協議会」のホームページでは、ピーファスを使用した製品が紹介されています。世界の規制の動向も更新されているので確認してみてください。

http://cfcpj.jp/index.html

表５　大手フッ素樹脂メーカー

社名	本社	売上高
事業所（工場、製作所、研究所など）の所在地（フッ素化学以外も含む）		
ダイキン工業株式会社	大阪府	3兆9816億円（連結・2022年12月）
茨城県神栖市、滋賀県草津市、大阪府摂津市、大阪府堺市		
AGC株式会社	東京都	2兆359億円（連結・2022年12月）
茨城県神栖市、千葉県大網白浜町、千葉県市原市、神奈川県横浜市鶴見区、神奈川県愛川町、愛知県武豊町、兵庫県尼崎市、兵庫県高砂市、福岡県北九州市		
山宗株式会社	愛知県	821億円（グループ合計・2022年９月）
静岡県浜松市、茨城県茨城町、大分県豊後高田市		
淀川ヒューテック株式会社	大阪府	505億1900万円（グループ合計・2023年３月）
千葉県山武市、神奈川県厚木市、滋賀県甲賀市、大阪府大阪市、熊本県合志市		
三井・ケマーズフロロプロダクツ株式会社	東京都	非公開
千葉県市原市、静岡県静岡市		
中興化成工業株式会社	東京都	133億円（2022年３月）
栃木県鹿沼市、長崎県松浦市		
ダイキンファインテック株式会社（旧・東邦化成株式会社）	奈良県	101億円（2022年３月）
大阪府大阪市		
日本フッソ工業株式会社	大阪府	31億2000万円（2022年９月）
埼玉県春日部市、大阪府堺市、		
株式会社陽和	福岡県	14億7900万円（2021年８月）
福岡県北九州市		

あとがきにかえて——ピーファァス問題は始まったばかり

第1部の締めの言葉として、私は次のように書きました。

「今後も、新たな汚染地域が見つかっていくと思います。ピーファァス問題というのは、ピーフォス、ピーフォアの製造廃止で終わったのではなく、始まったばかりなのです」

果たして、本書で報告した汚染地域以外でも、2023年3月に、熊本県熊本市の井戸水から暫定指針値を超えるピーフォスとピーフォアが検出されました（熊本市の大西市長は5月10日に地下水の調査を始めること表明しました）。本文でも少し触れましたが、静岡県浜松市でも同じく3月に、航空自衛隊の浜松基地周辺の河川から暫定指針値を超える高濃度のピーファスが検出されているのが明らかになりました（浜松市の要請を受けて、浜田防衛大臣は基地内の調査を実施する方針を示しています）。さらに静岡県静岡市でフッ素樹脂工場付近での汚染も明らかになりました。

23年に入って、政府も本格的にピーファァス問題の対応に乗り出したことは紹介しましたが、メディアでも取り上げられたことで市民の関心も高まり、指針値を超えた自治体では原因究明の調査を行う動きが始まっています。

ですが、すべての自治体が調査を積極的にやってるかといえば、そういう状況でないのが現状です。たしかに、ピーファスに汚染されているか否かを積極的に発見したいとは思わないでしょう。しかし、行政が動かないと、そのまま汚染が放置されてしまう。もしくは一時的な対応で終わるのではないかという懸念が残ってしまいます。

やはり、ピーファス汚染に関する調査においては、環境省を通して都道府県等の自治体がしっかりと対応し、市民に正確な情報を伝えていくという取り組みが必要だと考えます。

【編集部注】環境省では、高濃度のピーフォス、ピーフォアが検出された地域住民の健康への不安や基準値の検討等の対策を求める声が上がっていることを受けて、原田先生も参加されている「PFASに対する総合戦略検討専門家会議」において、23年7月31日に「PFASに関する今後の対応の方向性」を新たに取りまとめている。

それでも、このピーファス問題に対して抜本的な解決策を見出すことが難しいのは、それが従来の公害とは様相を異にしているからです。

例えば「水俣病」や「イタイイタイ病」では、発生場所や汚染源が明らかでした。比べて、このピーファス汚染というのは、範囲が非常に広い。「四日市ぜんそく」のような大気汚染も広範囲にわたる被害をもたらしましたが、ピーファスの場合、有機フッ素化合物を扱う工場や空港施設の周辺といった汚染源が多岐にわたり、また特定ができたとしても、地下水を通じてまったく別の地域から検出されることがあります。さらに高度経済成長以降、家庭を含めてあらゆる場所でピーフォス、ピーフォアを含む製品を使ってきた、あるいは普段の食事から摂取してきた結果、このような事態を招くことになりました。

ピーファス問題は「水汚染」として語られがちですが、暮らしのあらゆる面にピーファスは侵入している―そういう現実に我々は直面しているのです。

それでは今後、どう変えていけばいいのか。

もちろん行政による規制というのもありますが、数千種類もあるピーファスにどのように対処すればいいのか、という問題があります。ヨーロッパでは、必要のないピーファスはとりあえずすべて排除していく方針を示していますし、同じような取り組みがアメリカのミネソタ州でも起きています。

このように、行政が不必要なピーファスは使用しない・規制するということを提示することで、メーカーも変わらざるを得なくなる。そして我々生活者は、それらの動きを注視する必要があるのです。

従来、環境問題に対しては大学や行政の研究機関が調査を担ってきました。しかし、ピーファス問題が顕在化するなかで、調査報告は出すものの、水質汚染にさらされた地域で生活している人たちが直面する切実な問題に対して、十分にリンクできていなかったのではないか、との思いもありました。

行政や研究する側に対応できる余力がなかったといえばそれまでですが、市民が何を知りたいのか、どのような不安を抱いているのか、ということに研究者も目を向けていく必要があると痛感したのです。

本書の第2部に寄稿いただいたみなさんは、ピーファス汚染に対して、市民として「今、何が起きているのか」という問題意識を持って、調査の必要性を行政に訴えてこられました。私も調査に協力させていただいたところもありますが、やはり市民が声を上げて動かなければ、行政の対応は変わらないままだったかもしれません。

まだまだ生活者を支えるような研究者が日本には多くいないという点はあり、残念なところでもありますが、今後ピーファスに限らず、環境問題で重要となるのは、こういった市民の活動に対して、研究者が協力し、連帯することだと考えています。

2023年11月　原田浩二

■第2刷刊行によせて

昨年末に本書を出版後も国内ではピーファス汚染の実態が次々と明らかになっています。そのなかで市民からあがった声、調査が対策への取り組みにつながったものもあります。

岡山県吉備中央町

２０２３年10月に町内の円城地区の水道水に１４００ng／ℓものピーフォアが検出されたことが町により公表されました。汚染のもとになったのは、取水源であったダムの近くの町有地に２００８年ごろから置かれていた使用済み活性炭と判明しました。その後、水源を切り替えて水道水中のピーフォアは減少しましたが、住民からは血液検査や健康調査を求める声があがりました。当初、町は実施を否定していましたが、強い要望を受けて血液検査を含む健康調査の実施が決まりました。

岐阜県各務原市

第１章で紹介しましたが、航空自衛隊岐阜基地がある各務原市では、市内の給水人口（約14・４万人）の半数ほどを担う三井水源地から配水される水道水に目標値を超えるピーファスが検出されました。地域の医療機関との協力で住民131名の血液検査を行ったところ、この水源地の配水地域の参加者の血中濃度は平均で67・3ng／mℓであり、9割の方が米国アカデミーの指針値を超えていました。発生源の調査、住民の健康対策などは進んでいません。

千葉県鎌ケ谷市

2024年3月に千葉県は、柏市と白井市の市境を流れる金山落（かなやまおとし）という人口河川から暫定指針値を超えるピーファスを検出したことを公表しました。特に海上自衛隊下総航空基地に近接する水路で最大となり、泡消火剤の影響が考えられました。この川は水道水源ではありませんでしたが、近隣の柏市、鎌ケ谷市の飲用井戸の調査によりピーファスが最大で目標値の240倍も検出されました。このうち鎌ケ谷市は住民が血液検査を行った場合に費用の一部を助成する予定です。

広島県東広島市

東広島市の瀬野川で2023年11月に暫定指針値を超えるピーファスが検出されたことが公表されました。この上流には米軍の川上弾薬庫があります。その後の調査で近隣の井戸からも最大1万5000ng／ℓのピーファスが検出され、住民に飲用を控えることが通知されました。飲料水の提供、臨時の健診を開催するなどが行われましたが、血液検査の実施には至っていません。２０２４年９月、米軍は県や市からの国を通じた情報公開の求めに対し、川上弾薬庫でピーフォスを含む泡消火剤を過去に点検、訓練で使用してきたと回答しました。

そのほか

上記のほかに、北海道安平町の河川、三重県四日市市の半導体工場排水、京都府綾部市の廃棄物処分場、京都府福知山市の水道水、兵庫県神戸市のミネラルウォーター製品などでピーファスが指針値、目標値を超えていたことが指摘されています。

血液検査を実施する検査機関

ピーファスの血液検査はこれまで限られた検査機関で研究を目的として行われてきました。個人で申し込めるところはほとんどありませんでした。２０２４年に入り、東京などの診療所、病院が窓口となって、ピーファスに関係する病気の診察、血液検査を行う「ピーファス相談外来」を開始しています。

２０２４年９月

◆編著

原田浩二

京都大学大学院医学研究科准教授
専門は環境衛生学。京都大学大学院医学研究科助教、講師をへて2009年から現職。
2002年に京都大学で小泉昭夫教授（現・名誉教授）の調査チームの一員としてピーファス汚染に取り組み、近年は国内各地の市民団体と協力しながらPFAS汚染の調査・研究に取り組む。

装丁：守谷義明＋六月舎
カバー、98ページイラスト：もとき理川
編集協力：山﨑三郎、食べもの通信社
組版：酒井広美（合同出版制作室）
図表作成（11、37、41、43、58ページ）：Shima.

これでわかるPFAS汚染
暮らしに侵入した「永遠の化学物質」

2023年12月20日　第1刷発行
2024年 9 月30日　第2刷発行

編　者　原田浩二
発行者　坂上美樹
発行所　合同出版株式会社
郵便番号　184-0001　東京都小金井市関野町1-6-10
電話　042-401-2930　http://www.godo-shuppan.co.jp/
振替　00180-9-65422

印刷・製本　株式会社シナノ

■刊行図書リストを無料送呈いたします。
■落丁乱丁の際はお取り換えいたします。

ISBN978-4-7726-1548-8 NDC360 148 × 210

【巻末資料】

◆ピーファス問題 早わかりキーワード

◎ PFAS（ピーファス）

炭素原子と2つ以上のフッ素原子が結合した有機フッ素化合物の総称。火、水、油、薬品への耐性が高く、泡消火剤、フッ素樹脂の製造助剤、金属メッキ、衣服やインテリア製品、研磨剤や洗浄剤、コーティング剤、電子機器や半導体の製造、難燃剤、腐食防止剤などとして幅広く利用され、OECDの定義で4730種以上あるとされる。Per and Polyfluoroalkyl Substancesの略。

◎ PFHxS（ピーエフヘクスエス）

ピーファスの一種で国際条約（POPs条約）の新規製造、輸入の禁止対象となっている。乳幼児の発達影響などが懸念され、今後は日本でも評価・管理を進め、規制を検討していく必要がある。Per Fluoro Hexane Sulfonic acidの略。

◎ PFOS（ピーフォス）

ピーファスの一種で国際条約（POPs条約）の制限対象となっていて、2010年国内でも使用・製造が禁止された。ペルフルオロオクタンスルホン酸（Per Fluoro Octane Sulfonic acid）の略称。

◎ PFOA（ピーフォア）

ピーファスの一種でPOPs条約の廃絶対象となっていて、2013年までに国内メーカーでの使用は全廃された。ペルフルオロオクタン酸（Per Fluoro Octanoic Acid）の略称。

◎ PTFE

フッ素樹脂の一種で、最も一般的な種類。PTFE自体は人体に吸収されることはほとんどないが、加工助剤としてピーフォアが使われてた。2013年までにピーフォア使用は全廃され、現在は別のピーファスが使用されている。ポリテトラフルオロエチレンの略。

◎1リットル当たり50ナノグラム（50ng/ℓ）

2020年、厚生労働省が水道水に対して、環境省が環境水に対して、ピーフォスとピーフォアの合計で、ナノは10億分の1）という暫定指針値を定めた。諸外国の規制指針値は28ページ参照。

◎泡消火剤

1960年代にスリーエム社が開発。航空機事故や工場事故など燃料火災の恐れのある施設で、火災訓練も含めて長期的に使用されてきた。立体駐車場にも消火設備として常置され誤作動により市中への流出事故も起こっている。現在製造は禁止されているが廃棄は進んでいない。

■ PFOSを含む泡消火剤の国内在庫量（2020年）

場所	在庫量
各自治体の消防署や化学消防車	約119.1万リットル
石油コンビナートや化学工場など	約87万リットル
駐車場	約80.4万リットル
自衛隊の基地や艦船	約37.9万リットル
空港	約14.1万リットル

（環境省まとめを元に作成）

◎永遠の化学物質

ピーファスが自然環境下で難分解であることに由来する。高度な耐熱／耐燃／耐薬品／耐候性から、物質の量が半分になるまでの期間（半減期）は確定されない。経済産業省の化学物質審議会に提出された資料では、ピーファスの水中における半減期は92年以上。

◎化学物質の審査及び製造等の規制に関する法律（化審法）

化学物質による環境汚染や健康被害を防ぐため、製造・輸入・使用の規制を行う法律。1968年に発覚したカネミ油症事件（ダイオキシンが混入した食用油が流通し摂取した多数の人に健康被害が発生）を機に1973年に制定。ピーフォス、ピーフォア、ピーエフヘクスエスは第一種特定化学物質に指定。

◎環境省のQ&A集

環境省が「PFASに対する総合戦略検討専門家会議」監修のもと2023年7月発表。基本的な情報と、今取り組むべき事項を「PFASに関する今後の対応の方向性」として取りまとめた。https://www.env.go.jp/content/000150400.pdf

◎生物モニタリング

個人の血液や尿などを使って、体内に残る化学物質の量を調べる方法。ピーファスは蓄積しやすく、採取以前の数年間の摂取量も反映していると考えられることから、健康影響との関連を研究するためにも有用。汚染が発覚した地域では住民主導で血液検査が進められている。各地の市民団体の連絡先はivページ参照。

◎ストックホルム条約（POPs条約）

正式名称は「残留性有機汚染物質（Persistent Organic Pollutants）に関するストックホルム条約」。PFOSは2009年に、PFOAは2019年に廃絶等の対象となった。国内外の規制の流れはvページ参照。

◎スリーエム（3M）社

1902年創業の世界的な化学メーカーで本社は米国ミネソタ州。1948年にピーフォス、ピーフォアを開発以来、さまざまなピーファス製品を製造、販売してきた。工業製品だけでなく、ふせん紙やのり・接着剤等の文具、家庭用のスポンジ製品、防水スプレーなども有名。

◎デュポン社

1802年創業、米国三大財閥の一つ。世界で4番目に大きい化学会社といわれ、本社は米国デラウェア州。20世紀まではダイナマイトや火薬の製造を行い、マンハッタン計画において長崎に投下する原爆で使用したプルトニウムの精製工場の監督的な立場を担った。フッ素樹脂製造は分社化されてケマーズとなる。

◎土壌汚染

大阪府摂津市ダイキン工業淀川製作所周辺で、農作物を自家消費している住民に高濃度のピーフォアが確認されたことから、ピーフォアで高い汚染がある土壌では農作物にピーフォアが入り込んでしまうことがわかった。

◎半減期（体内における）

主なピーファスは新たに摂取しなければ、6年ほどで半分の量になるとされる。しかし過去に使用されたピーファスが「永久に分解しない」まま環境中の残留し、また飲料水、食品、化粧品などから日常的に摂取しているため、一部の対策を行っても単純には減らない。

◎ピーファスの人体影響

2000年代半ばの研究では、ピーファスを投与した親ネズミから生まれてきた胎仔の成長が遅れることが示されている。この影響はその後発表された他の肝臓や神経、発がん性の影響が出る投与量より低濃度でも確認され、ヒトの健康調査となる疫学研究でも、ピーフォア、ピーファスの母体の血中濃度と出生体重に関係があったと報告されている。

2012年に発表されたデュポン社の従業員と地域住民への調査（C8研究）では、ピーフォア曝露と高コレステロール値、腎臓がん、精巣がん、甲状腺疾患、潰瘍性大

腸炎及び妊娠高血圧症と「関連性が高い」(Probable)とした。「関連性が高い」とは、血中濃度の高い人は低い人に比べて発症のリスクが上昇するという判定。

2017年、国際がん研究機関は動物実験に基づき、ピーフォス、ピーフォアともに発がん性を引き起こす化学物質と認定。ネズミなどのげっ歯類では肝臓、乳腺、精巣、膵臓で腫瘍が発生することが実証されている。

◎ピーファスの除去

沖縄・北谷浄水場では、2020年から粒状活性炭による除去と、別の水源を増やして対策を行い、効果が見られるが、どのような継続的効果を発揮するか生物モニタリングを通じて評価する必要がある。

◎法的な対応

日本では化学物質の審査及び製造等の規制に関する法律(化審法)で一部のピーファスの製造・販売・輸入を禁止しているが、すでにある汚染について対応している法律はない。米国は汚染対策を定めた「スーパーファンド法(Superfund Act)」があり、汚染調査や浄化は米国環境保護庁が行い、汚染責任者を特定するまでの間、浄化費用などは石油税などで創設した信託基金(スーパーファンド)から支出するしくみになっている。日本でも、土壌汚染に対し、国が土地の所有者や管理者あるいは占有者に汚染の除去を命じることができる「土壌汚染対策法」を運用すれば、ピーファスの土壌汚染に大きな力を発揮するはず。また将来的な適用を考えて、土地の所有者が取り組みを進めることも期待したい。

◎メーカーなどによる自主規制

スリーエム社は2002年にピーフォスとピーフォアを製造中止。2025年までにピーファス製造から撤退すると発表。

世界的な規制強化の流れに伴い、ピーファスを使用して製品をつくるメーカーなどもピーファスの自主規制に取り組み始めている。

■ 日本に進出する多国籍企業におけるピーファス不使用への転換の例

グリーンパン
2007年に開発した独自のセラミック加工技術を使い、フッ素樹脂完全不使用のフライパンを製造、販売している。
エイチ・アンド・エム
2013年以降すべてのアパレル商品でピーファス使用を禁止し、2018年以降は化粧品でもPFAS除去を行っている。
イケア
2016年、段階的にすべての家具や繊維製品、使い捨て食器からピーファスを除去していく取り組みを発表。
マクドナルド
2021年、25年までにすべての包装・容器からピーファスを全廃すると発表。
バーガーキング
2022年、25年までに店舗で使用する食品包装からピーファスを除去すると発表。

◆各地の市民団体

―東京―

・多摩地域の有機フッ素化合物（PFAS）汚染を明らかにする会（74 ページ参照）

◇ホームページ https://tamapfas.wixsite.com/info

◇フェイスブック http://www.facebook.com/groups/713964263073492

◇ TEL ／ FAX 042-593-2885（根木山）

 ホームページ　 フェイスブック

―愛知―

・豊山町民の生活と健康を守る会（80 ページ参照）

◇メール yo.tsuboi@rx.tnc.ne.jp（坪井）

―大阪―

・PFOA 汚染問題を考える会（87 ページ参照）

◇メール wakiehon@icloud.com（増永）

―沖縄―

・有機フッ素化合物（PFAS）汚染から市民の生命を守る連絡会（68 ページ参照）

◇ホームページ https://darkwater.okinawa

 ホームページ

・宜野湾ちゅら水会（69 ページ参照）

◇ https://x.com/churamizu1?s=20

 X（旧ツィッター）

◆ピーファス規制・撤廃にむけた流れ（★印は国際的枠組みにおける対応、◉印は国内の対応）

年	内容
1948年	スリーエム社がピーフォス、ピーフォアを開発
1992年	★地球環境サミットで「アジェンダ21」を採択。海洋汚染対策として「人工合成有機化合物」の削減を目標に掲げる
1997年	研究者がピーファスによる環境汚染への懸念を指摘
2000年	スリーエム社が2002年までにピーフォス、ピーフォアの製造を中止すると公表
2001年	★ストックホルム条約が採択（2004年5月発効） 5月
2002年	◉環境省がピーフォス等の化学物質環境汚染実態調査を開始 ◉京都大学の研究チームが全国の河川水を調査を開始（～03年）。東京・多摩川ではピーフォス、大阪・淀川ではピーフォアが高濃度で検出
2009年	★ストックホルム条約第4回締約国会議（COP4）にてピーフォス、ピーフォアの製造・使用等の禁止（目的・用途を除外する規定あり） 5月 ◉水道水質基準の要検討項目に追加
2010年	◉ピーフォスの国内での製造・使用・輸出入が原則禁止
2014年	◉環境省はピーフォス、ピーフォアを水環境中の化学物質に係る環境モニタリングの要調査項目に追加 10月
2016年	◉大阪府摂津市の井戸水や周辺の自治体の井戸水から高濃度のピーフォアを検出 ◉沖縄県の北谷浄水場の取水源でピーフォスを検出。水道水にも残留していることが判明
2019年	★COP9でピーフォアと関連物質を廃絶対象に追加（用途除外規定あり） 4月 ◉東京都の調査で多摩地区の浄水所、井戸水から高濃度のピーファスを検出したことから一部地下水の取水を停止 6月
2020年	◉報道により東京・多摩地区の水道水の水源となる井戸水から高濃度のピーフォスが検出されていることが判明 1月 ◉厚生労働省が水道水に対して、ピーフォス、ピーフォアの暫定指針値を50ng/ℓと定める 4月 ◉環境省が川や地下水など環境水に対して、ピーフォス、ピーフォアの暫定指針値を50ng/ℓと定める 5月 ◉ピーフォス、ピーフォアを水環境中の化学物質に係る環境モニタリングの要調査項目から要監視項目に格上げ 5月 ◉環境省は「令和元年度PFOS及びPFOA全国存在状況把握調査の結果について」を発表（37ページ） 6月
2021年	◉ピーエフヘクスエスを化学物質に係る環境モニタリングの要調査項目に追加 3月
2022年	★COP10でピーエフヘクスエスの新規製造、輸入を規制 6月 スリーエム社が2025年までにピーファスの製造から撤退すると公表 12月
2023年	★欧州ですべてのピーファスを規制する提案が提出 1月 ◉環境省が「PFOS、PFOAに関するQ&A集」を発表 7月

◆参考文献

食べもの通信編集部編「広がる飲み水の PFAS 汚染」『食べもの通信』630 号（食べもの通信社、 2023 年）

原田浩二、藤井由希子「PFAS 汚染とバイオモニタリング、そこから見る健康リスクについて」『生活と環境』68 巻4号、（日本環境衛生センター、 2023 年、 共著）

原田浩二「PFAS 汚染と当該地域でのヒトバイオモニタリング」『化学物質と環境』179 号（エコケミストリー研究会、 2023 年）

◆もっと知りたい方へのおすすめ

『毒の水 ── PFAS 汚染に立ち向かったある弁護士の 20 年』ロバート・ビロット、旦祐介 訳、花伝社、 2023 年

『スーパーマンは来ない ── 米国の水汚染と私たちにできること』エリン・ブロコビッチ、 旦祐介 訳、 緑風出版、 2023 年

『消された水汚染 ── 「永遠の化学物質」PFOS・PFOA の死角 』 諸永裕司、 平凡社新書 2022 年

『永遠の化学物質　水の PFAS 汚染』ジョン・ミッチェル、 小泉昭夫、 島袋夏子、 阿部小涼（共著）、 岩波ブックレット、 2020 年

「ダーク・ウォーターズ ── 巨大企業が恐れた男」（映画）トッド・ヘインズ監督、 アメリカ、2019年

「化学物質 “ 水汚染 ” ── リスクとどう向き合うか」NHK、 2019年

「見えない侵入者 ── 米軍基地から漏れ出す永遠の化学物質」琉球朝日放送、 2021年

「命（ぬち）ぬ水（みじ） ── 映し出された沖縄の 50 年」琉球朝日放送、 2022 年
https://www.youtube.com/watch?v=R2xzKpYCEll

◆個別の調査文献〈第1部〉

第1章

Moody et al. Occurrence and persistence of perfluorooctanesulfonate and other perfluorinated surfactants in groundwater at a fire-training area at Wurtsmith Air Force Base, Michigan, USA. Journal of Environmental Monitoring 2003;5: 341-345.

小泉昭夫、 原田浩二「沖縄の米軍基地周辺の有機フッ素化合物による環境汚染」『環境と公害』50 巻2号（岩波書店、2020 年、共著）

第2章

Kannan K et al. Accumulation of perfluorooctane sulfonate in marine mammals. Environ Sci Technol. 2001 Apr 15;35(8):1593-8.

東京環境経営研究所「ストックホルム条約の概要と最新動向について」2022 年、https://www.tkk-lab.jp/post/rohs20220729

ピルズベリー「米国環境保護庁（EPA）による PFAS に関する新たな健康推奨基準の公表」2022 年、https://japanese.pillsburylaw.com/siteFiles/40418/Legal%20Wire%20135.pdf

第3章

Saito N et al. Perfluorooctanoate and perfluorooctane sulfonate concentrations in surface water in Japan. J Occup Health. 2004 Jan;46(1):49-59.

Harada K et al. Perfluorooctane sulfonate contamination of drinking water in the Tama River, Japan: estimated effects on resident serum levels. Bull Environ Contam Toxicol. 2003 Jul;71(1):31-6.

Shiwaku Y et al. Spatial and temporal trends in perfluorooctanoic and perfluorohexanoic acid in well, surface, and tap water around a fluoropolymer plant in Osaka, Japan. Chemosphere. 2016 Dec;164:603-610.

Fujii Y et al. Occurrence of perfluorinated carboxylic acids (PFCAs) in personal care products and compounding agents. Chemosphere. 2013 Sep;93(3):538-44.

Kärrman A et al. Relationship between dietary exposure and serum perfluorochemical (PFC) levels–a case study. Environ Int. 2009 May;35(4):712-7.

Liu W et al. Analysis of perfluoroalkyl carboxylates in vacuum cleaner dust samples in Japan. Chemosphere. 2011 Dec;85(11):1734-41.

Harada K et al. Historical and geographical aspects of the increasing perfluorooctanoate and perfluorooctane sulfonate contamination in human serum in Japan. Chemosphere. 2007 Jan;66(2):293-301.

原田浩二「フッ素化アルキル化合物 PFAS による環境汚染：曝露の実態、汚染事例と全国的課題」『科学』92 巻5号（岩波書店、2022 年）

Harada KH et al. Odd-numbered perfluorocarboxylates predominate over perfluorooctanoic acid in serum samples from Japan, Korea and Vietnam. Environ Int. 2011 Oct;37(7):1183-9.

第4章

原田浩二、藤谷倫子、藤井由希子「有機フッ素化合物（PFAS）への曝露とヒト健康リスク」『医学のあゆみ』285 巻2号、（医歯薬出版、2023 年、共著）

原田浩二「有機フッ素化合物（PFAS）とがんリスク」市民のためのがん治療の会 HP 寄稿（2023 年 ）http://www.com-info.org/www_test/medical.php?ima_20230704_harada